HOW DO PEOPLE
WITH HIGH EQ
SAY

苏乞儿 / 编著

高情商的人
如何说

海豚出版社
DOLPHIN BOOKS
CIPG 中国国际出版集团

图书在版编目（CIP）数据

高情商的人如何说 / 苏乞儿编著. -- 北京 : 海豚
出版社, 2020.5
ISBN 978-7-5110-4982-7

Ⅰ.①高… Ⅱ.①苏… Ⅲ.①情商—通俗读物 Ⅳ.
①B842.6-49

中国版本图书馆CIP数据核字(2019)第250306号

高情商的人如何说

苏乞儿　编著

出 版 人	王　磊
责任编辑	张　镛
特约编辑	崔云彩
封面设计	安　宁
责任印制	于浩杰　蔡　丽
出　　版	海豚出版社
地　　址	北京市西城区百万庄大街24号
邮　　编	100037
电　　话	010-68325006（销售）010-68996147（总编室）
印　　刷	北京金特印刷有限责任公司
经　　销	新华书店及网络书店
开　　本	880mm×1230mm　1/32
印　　张	9.25
字　　数	170千字
版　　次	2020年5月第1版　2020年5月第1次印刷
标准书号	ISBN 978-7-5110-4982-7
定　　价	49.80元

序

　　情商（EQ），就是情绪商数，指人在情绪、情感、意志、耐受挫折等方面的品质。我们都会说话，但并非每个人都懂得像高情商者一样说话。因为，语言是带情绪的，你所说的每一个字串联起来，有可能给人带去温暖，但也有可能带去伤害。

　　不管是在生活中，还是在工作中，我们时常会发现，有些人总是容易情绪失控，他们自我价值感较低，常年生活在沮丧、压抑、愧疚中，对自己失去信心，不是出口伤人，就是句句带着牢骚，悲观厌世。

　　而那些情商较高的人，不但非常善于驾驭自己的情绪，也很会理解、关心别人。他们说话、做事总是会表现出良好的状态与个人修养，知道怎么合理表达自己的情感和诉求，如何去洞察别人的内心世界。他们善于沟通，精于表达，有着不错的口碑与良好的人脉关系。

　　当然，情商并非天生，而是后天训练出来的。所以，每一个人都可以通过学习、锻炼来不断提高自己的情商。

许多人的情商都曾不及格，他们不但不善于表达，在处理人际关系方面也显得很笨拙，但他们深知不会说话的后果——搞砸一次重要的面试，僵化自己的人际关系，错失升迁的机会，失去合作的良机……因为不会说话，自己仿佛与整个世界都格格不入，生存的空间变小，发展的机会变少，前景也渺茫了。

正是因为认识到会说话的重要性，所以他们要做出改变，改变自己的态度、思想、生活方式，甚至性格。结果，他们从不善于表达到会说话，再到能把话说得滴水不漏，整个人都发生了蜕变。

如今，不管从事什么行业、干什么工作，语言表达都是一项极其重要的能力。可以说，会说话的人，才是这个时代红利的收获者之一。这样的人，不论在人脉方面，还是在事业方面，永远都比那些自闭、寡言的人收获更多。许多时候，他们不需要和别人比拼技能、资历、学识，他们只要一开口，就占了先机。

所以，从现在起，请张开你的嘴巴，控制好自己的情绪，练习好好说话吧。学会像高情商者一样说话，不但能成就自己，而且能给予这个世界和身边的人最美好的善意与最温柔的守望。

目 录

CONTENTS

第一章

说话高手骨子里都是情商大师

第二章

提升语言修养，该说的话说利索了

第三章

场面话要漂亮，需句句带着情商

第四章

做专注的听众，无声中修炼高情商

第五章

高情商地提问，说出的话要有深度

第八章

委婉批评，避免哪怕一秒钟的情绪对抗

第九章

丑话好说，别让不好意思坑了你

第十章

隐秘说服，高情商者只讲逻辑

第一章

说话高手骨子里都是情商大师

如果说智商高是聪明，那么情商高就是有智慧。聪明的人用脑子说话，有智慧的人用心说话——句句带着情商，字字让人舒服。

所谓的高情商，就是说话让人舒服

让人舒服是人与人相处的最佳境界，不管是朋友之间，还是亲人之间。情商高的人比较懂得和人相处，说出的话不会给别人造成伤害，也不会让身边的人感觉不舒服。即使是亲密关系，说话时也要照顾对方的感受。可见，所谓的情商高，就是不但能和别人聊天，能愉快地聊天，而且能长时间、高质量地聊天，让对方觉得与你相处起来很舒服。

保持语言上的舒适度是与人交往时对对方基本的尊重。别人如果没有安全感，会觉得被冒犯，然后推开你，让双方都觉得尴尬，甚至会发生冲突。

懂得说话的人让你觉得谈吐不俗，有品位，亲和力强，轻松愉快。很多问题在谈笑之间就解决了。

在一次旅游中，旅游车行驶到了一段坑坑洼洼的道路上，车上的游客纷纷抱怨。

这时候，导游微笑着说："现在请大家一定要身心放松，因为我们的旅游车正在为大家做全身按摩，按摩时间大约为十分钟，不另收费哦。"

游客们都笑了起来，抱怨一下子烟消云散了。

后来，由于天气原因，游客乘坐的飞机改了航班，大家都很扫兴。

这时候，导游安抚游客说："这多好啊，咱们刚好可以利用这个机会去苏州。这样，在大家的行程上就又增加了一个美丽的城市，在您的相册和记忆中还可以留下'东方威尼斯'的丽影。"

此话一出，大家的兴致立刻高涨起来。

最后，在游览杭州的时候，下起了绵绵细雨，游客们的情绪也随着阴沉的天空而低落。

导游见此情景，又开始发挥自己伶牙俐齿的好口才："真是天公作美啊。记得苏轼有一首诗说，'水光潋滟晴方好，山色空蒙雨亦奇。欲把西湖比西子，淡妆浓抹总相宜'。你们看，知道有远道而来的客人，老天连忙下起了绵绵细雨，好让大家感受苏轼曾经感受过的最美的西湖！"

在这个案例中，导游没有因为游客的抱怨指责，说一些不合适或不文明的语言，而是表现出了很高的情商：在了解游客的想法后，他通过一些轻松、诙谐的言语来安抚大家，说出来的话既让人听着舒服，又给人带来一份好心情。

生活中，人与人之间的思想交换、行为交往、语言交流、感情交融，大多是通过谈话的形式表达出来的，所以从某种意义上说，会说话，说话让人舒服，体现的不只是良好的语言表达能力，更是一种个人魅力，一种高情商。

情商高的人，说出话来总是让人感觉那么恰当得体，那么巧妙机智，让人听后如沐春风，这也是其人生中的一大资本。这种无形的资本可以帮助我们在人生的旅途中交往自如，获得更好的人脉，赢得更多的资源与合作。

"良言一句三冬暖，恶语伤人六月寒。"如果说话不中听，或不顾及对方的感受，很容易引起对方的误会，甚至造成不必要的尴尬。

古代有一位县官，某天晚上做了一个梦，梦见自己嘴里的牙齿全部掉光了。第二天他吩咐手下的人找来两个解梦的人。县官问道："你们说说，为什么昨日我会梦见自己满口的牙齿全掉光了呢？"第一个解梦的人不假思索地抢先答道："大老爷，您这个梦的意思是，在您所有的亲属都死去以后，您才能死，一个都不剩。"县官一听，勃然大怒，气急败坏地命人杖打了这个解梦人一百棍，然后把他赶了出去。县官又看了看第二个解梦的人，说："你来说说。"第二个解梦的人不慌不忙地答道："我至高无上的青天大老爷，您这个梦的意思是，您将是您所有亲属当中最长寿的一位呀！"县官听了很高兴，便拿出了一百两银子，赏给了第二个解梦的人，并好吃好喝招待了他一番，才命人送他回去。

面对同样的问题，为什么一个人会挨打，另一个人却受到嘉奖呢？其实，只因为挨打的人不会说话，受奖的人会说话而已。

通常，情商高的人大多很在意自己的表达方式，只要他们开口，总能用得体的言辞来抚慰别人，他们的妙语连珠对听者来说是一种至上的享受，即便是谈天说地，也可以让人身心愉悦。

比如，高情商的人在谈恋爱的时候，为了让恋人感到开心、愉悦，他不但会讲一些恋人爱听的话，而且说出的话也会让恋人感到开心、舒服。

又比如，高情商的人在与客户谈生意的时候，会尽可能地与客户打成一片，站在客户的角度思考问题，让他相信自己，并且愿意与自己做朋友，而这些，也得取决于他说出的话，得是能让别人感到开心、愉悦的。

美国著名成功学大师卡耐基说："假如你的口才好……可以使人家喜欢你，可以结交好的朋友，可以开辟前程，使你获得满意的结果。譬如你是一个律师，你的口才便吸引了一切诉讼的当事人；你是一个店主，你的口才帮助你吸引顾客。有许多人，他们善于辞令，因此而擢升了职位……许多人因此而获得荣誉，获得了厚利。你不要以为这是小节，你的一生，有一大半的影响，是缘于说话的艺术。"

从现在开始，即使是聊天，也要学会带着情商。如果你的每一句话都说得既得体又令人舒服，而且能照顾到别人的情绪，那么，无论走到哪里，你都会受欢迎。

会说话才是真正的软实力

在现实中，一个人的气质、性格、能力等个性心理特征直接决定了其口才的高低、风格，甚至决定了其社会价值。好多人认为：实力本身会说话，做事关键还要靠脑子，不能靠嘴巴。理由是，许多人都很聪明能干，但未必会说话。但是，在职场这种很现实的地方，除了学识、职业技能之外，会说话的确是一种不可或缺的软实力。

有位名气很大的企业家曾说，在中国，会说话的人永远能得到领导的欢心。他举了一个例子：

一天，一个老板给员工打电话，问他"你今天忙不忙？"

员工A回答说："不忙啊。"老板心里想，不忙，那你是不是每天都在偷懒啊？

员工B回答说："忙啊。"老板心里想，既然你很忙，肯定办事效率不太高，那我这个重要的任务就先交给他人吧。

员工C回答说："老板您是有什么事情吗？我马上过

去。"既不直接回复老板的问题，让老板无从置疑，又积极回应了老板，显示了对老板的服从。

同样的问题，不同的回答，达到了不同的效果。可见，在个人能力之外，会说话是一种软实力。尤其在今天的职场，会说话，带着情商说话，可以为自己带来更多的资源与优势，这已是不争的事实。

美国人类行为科学研究者汤姆森认为："会说话能使人显赫，鹤立鸡群。那些能言善辩的人，往往受人尊敬，受人爱戴，得人拥护。它使一个人的才学充分拓展，熠熠生辉，事半功倍，业绩卓著。"他甚至断言，"发生在成功人物身上的奇迹，一半是由口才创造的。"

当然，会说话，不是能说话。苍蝇、青蛙，白天黑夜叫个不停，叫得口干舌燥，但是没人喜欢听，都觉得烦。雄鸡就不同了，它在黎明准时啼叫，让人们闻鸡起舞。

有一家公司的老板，想培养一个副手，他心中有两个人选。平时，他很留心两个人的表现，最后经过认真考虑，决定给其中的一个人升职。

得知消息后，另一个人很委屈，对老板说："李总，我们在一起打拼三年了，我不明白为什么你这么一个公道、聪明的人，也会喜欢那种就会要嘴皮子的人。"

因为这位老员工踏实肯干，也是团队中的核心，听他这么一说，老板便打算和他开诚布公地谈一谈。

老板说："你是不是对张副总有什么看法？"

这位员工说："我认为我和他相比，具备这么几个优点，首先，我的业绩并不比他差；其次，我更善于和同事合作，而他经常和同事闹矛盾，我一次也没有；最后，他总是说多做少，虽然想法多，但能实现的很少。"

听他这么一说，老板才发现，这位一向少言寡语的员工一定是思虑良久，才有备而来。于是老板问他："你一定被这些想法困惑了很久吧？"他默默地点了点头，说他只是想和老板推心置腹地聊一聊，想知道老板对他的真实看法。

老板说："我非常欣赏你的能力，我觉得张副总也需要你的协助，才能一起把团队带好。但是，我并非因为张副总只会耍嘴皮子才提拔他的。如果是这样，你对我也是没有信心的。关于你对他的看法，我们可以换个角度来看。第一，你们业绩相当，也就意味着张副总的业务能力也很强。第二，你之所以很少和同事起冲突，是因为你很在乎人情味。很多时候，你为了避免和同事发生矛盾，而让自己承担太多的任务和压力。从这个角度来看，如果让你升职，你在新的工作岗位中会受更多委屈，这对你未必是好事。第三，在你看来，张副总平时只会夸夸其谈。其实，表达能力也是一种领导力。之前，我没有给他更多机会让他实现自己的想法，是因为他还不是这个部门的决策人，现在我给他机会，就是希望他可以带着团队实现更多的创新。因为一个好的领导不是听他的领导告诉他接下来要做什么，而是他要告诉所有人，接下来他要做什么。显然，他平时已经对自己有了这样的要求和训练，只是欠缺这样一个机会而已。"

这位员工听老板这么一说，心情显得很平静，表示出了一个老员工的忠厚和虚心。他是个厚道的人，但是脑子转得并不慢，他当即就表示，一定会继续好好支持老板和张副总的工作，也会在团队中积极地起好带头作用。

在这个案例中，员工的每一点质疑都合情合理，如果换作一个不是很会说话的老板，回应起来恐怕会有相当的难度，只要有一点说得不到位，就可能让双方陷入信任危机，影响到内部的团结。但是这位老板的回答很高明，他对员工的质疑进行一一回应，有理有据，并且会站在对方的角度考虑问题，既维护了员工的面子，又让其心服口服，同时，也让自己有台阶下，不失领导的身份，可谓一举多得。由此可见，会说话，等于掌握了最直击人心的语言力量，也是一个人高情商的体现。

在广泛的社交场合尤其是职场，语言最能暴露一个人的素质、性格、行为甚至能力。所以说，知道怎么说话，知道何时说话，知道不乱说话，不只是一种高情商，也是一种了不得的软实力。

情商几何，看"言值"别看"颜值"

　　我们常说，这是一个看颜值的时代。在社会交往中，出众的颜值可以吸引更多人的关注。对于男人来说，颜值就是玉树临风、气宇轩昂、仪表堂堂；对于女人来说，颜值就是花容月貌、明艳动人、婀娜多姿……总之一个字，颜值就是"美"。

　　试想，如果迎面走来两个帅哥，一个着装邋遢不堪，嘴里抽着烟，举止粗鲁，一脸的桀骜不驯；另一个则着装整洁大方，温文尔雅，遇见熟人时会面露微笑，你会更欣赏哪一个？当然是后者。

　　如果说"颜值"是人的第一张脸，那么"言值"就是人的第二张脸。关于颜值和言值，有一句话说得比较好，"一个人二十岁以前的容颜是父母给的，二十岁以后的容颜就要自行负责"。简单来说，是指一个人步入社会后，待人接物、言谈举止的方式既反映了他的心理，也体现了他的素养，久而久之，他的这些心理、素养就会刻画在他的面部，也就是我们所说的"相由心生"。比如，长期生活在抱怨、牢骚中的人，即使他有出众的相貌，也很难改变说话刻薄、表情喜怒无常的习惯。又如，性格格外暴躁的人，总是一脸的凶相。这些人有一个共同的特点，即情商低，表现在说话上，就是没有言值。

有一个年轻人，从戏剧学院毕业以后一直四处找工作，他的朋友也帮他联系各路导演。他相貌不太好看，一直被冠以"丑星"的名号。但他经过不断的努力，获得了金马奖"最佳男主角奖"等一系列奖项，而且凭借着自己在各种场合幽默应对各种刁难的表现，越来越受到影迷的喜爱，他就是演员黄渤。如今在各行业尤其在娱乐行业，大家都认为颜值就是资本。但是要想"走红江湖"，其实只靠颜值是不行的，还必须有言值。

有一位女艺人憨态可掬，相貌并不出众，但在为人处世过程中，她经常会表现出非常高的情商。

她的一位朋友在举行婚礼的时候，请来了一大堆朋友，结果，伴郎团嬉闹时，差点儿让另一位女艺人陷入"走光"或湿身的尴尬境地。她为了避免让朋友难堪，推开伴郎，一下子挡在朋友身前，声称要让伴郎发红包，才缓解了气氛。

这位女艺人表现出了很高的情商，她用一个动作、一句话，便帮朋友化解了"危机"，并避免让嬉闹的伴郎出现尴尬。如果她换一种方式来"救"朋友，比如大声呵斥伴郎，阻止这场闹剧，很可能会破坏喜庆的气氛，还容易撞翻友谊的小船。

在许多时候，"言值"是一个人情商的反映。在现实生活中，好看的人有很多，但是会说话，会说漂亮话的人并不多。当一个人被认为"不会说话"时，一定是在某些方面说了不该说的话，或没有和别人聊到一个频道上。

有一个长相英俊的小伙子，过去是学霸，现在是公司的核心技术人员。他喜欢上了一位姑娘，并开始追求对方。起初，姑娘对他也怀有几分好感，但几次交往下来，就不想搭理他了。

一次，他约姑娘出来吃饭。姑娘问他："你现在是公司的核心员工，但总不能想着一辈子打工吧？"

小伙子回答说："打工有什么不好？现在满大街都是打工的，再说了，老板也很器重我，以后肯定会提拔我的。"

姑娘说："真的，我不知道你未来会怎么样，不过，我发现你现在根本不能给我提供我想要的生活。"

小伙子想了想，稍微有些激动："我现在就是没钱，你再怎么不满意也没用啊，谁不想有钱？我也想给你想要的生活。"

姑娘听后，马上换了一个话题。饭桌上，虽然两人有说有笑，但姑娘主意已定：这不是我要找的另一半。

从这个案例中我们不难看出，英俊的相貌也掩盖不住男主角拙劣的情商。他说的每一句话似乎都在理，但仔细一想：你是在谈恋爱哦，你不能心中只有自己，把对方的感受选择性地忽视，如此，你讲得在理又怎么样？是要证明自己的正确、对方的愚昧，还是要改变对方的想法？

如果这位小伙子的情商再高一个档次，当姑娘想了解他对未来的打算时，他可以这样说："以我目前的经济条件、人脉关系，还不太适合创业，但我会朝这个方向努力，我知道，现在挺对不住你的。"

试想，如果他这样回答，姑娘会怎么看他？

如果他是情商高手，可以这样回答："我将来一定会给你想要的生活，我现在努力工作，为的是将来能和你携手努力，去追求我们的梦想。"

相信姑娘听了这段话，一定会有所触动。这段话并没有巧舌如簧地给对方勾勒未来的蓝图，而是把自己和对方视为一个整体。同时，这种回应中还暗含着对彼此的一种承诺，用平实的语言体现了自己的雄心和厚道。

每个人都希望大家能够喜欢自己，但是仅仅改变自己的颜值，并不能让我们成为真正有魅力的人，而改变"言值"就不一样了。我们可以丰富自己的内涵，可以增加自己的阅历，可以锻炼讲话的技巧，这样达到腹有诗书气自华的状态，自然就能升级了。

当然，在另一方面，能说会道，却满嘴的假话，也不是高情商，而是虚伪。或许你可以以此在短时间内迅速交到一群朋友，但是交不到真心的朋友，因为交朋友最重要的是真诚，别人看不到你的真诚，自然不会和你交心。所以，做人一定要少说假话。对此，也许有人还会问：那是不是说，讲真话才是高情商？其实不然。说尖酸刻薄的实话，说让别人下不了台的实话比说假话更可恶、更可怕。

作家冯骥才的《俗世奇人》里有这样一个故事：

在清朝，有一个叫杨巴的生意人做得一手好茶汤，很多人慕名而来，其中不乏达官显贵。

有一次，一位官员来到店里，当杨巴将茶汤送上去的时候，这位官员看了一眼，便生气地把茶碗直接摔到了地上，在座的人都吓到了。

得罪了这样的大官，轻则生意无法继续做下去，重则很可能丢掉身家性命。所以，杨巴非常害怕，于是立刻跪在了地上。他看见地上的茶汤上浮着芝麻碎，马上明白了其中的原因：这位官员一定把芝麻碎误认为是脏东西了。

如果当众对这位官员说"您息怒，这是芝麻碎"，很可能会让对方没面子——竟连芝麻碎都不认识；但如果不解释，又难以让对方息怒，事情就没法收场。

于是，机智的杨巴连声求饶："不好意思，小民不知道大人不喜欢吃芝麻碎粒，我再去给您换一碗，希望大人您原谅。"

官员听后，转怒为喜，还赏了他一百两银子。

杨巴短短的一句话，既解释了自己的产品，又给足了官员面子，可谓一举两得。所以，许多情况下，讲实话也要看场合，这就非常考验一个人的情商了。不是说把自己所见的、所知的、所想的都讲出来，才是真性情，才是爽快——这是没脑子。

为了表明自己没有心机，是个耿直的很好相处的人，而事事实话实说，往往让人接受不了，也很容易伤人。比如，大家都讨厌公司里的某个人，你告诉他说"所有人都讨厌你"，肯定对他的打击很大。再如，你要点评某个人的书法作品，即使他字写得真的很烂，你也不能说"写得不怎么样"，高情商的人通常会表扬一番，再提一些建设性的意见，这样，就不会伤到他的自尊。这一点很好理解，你知道自己的文章写得很一般，别人对你说"这篇文章真是垃圾"，你也会难过；如果对方说"文章立意不错，就是在措辞上再讲究一点就完美了"，那么这个意见你定会欣然接受，并认为这人真会说话。

你觉得有些实话一定要讲出来才痛快，否则就像扎在喉咙里的刺不吐不快时，一定要学会克制。在成人的世界中，克制是一种重要的能力，更是一种情商。

小王是个实诚人，在场面上经常会说一些大白话、大实话。所以很多时候，他一开口，大家都为他捏把汗。

有一次，有位女同事在朋友圈晒了一张美颜过的照片，效果有些夸张，但人确实增色不少，还有了些许明星气质。很多人看过后，都会点赞，有的留言说"美女大变身，越变越好看"，有的说"气色真好"……都是一些赞美之词。对每一条赞美，这位同事都会礼貌回复"萌萌哒""谢谢亲""过奖了"……小王也跟着留言，说："妈呀，你用什么软件P的啊？我都认不出来了，这还是你吗？"结果，这位"美女"只回了他一个字——"滚"，然后就把他屏蔽了。

还有一次，部门领导过生日，请大家到自己家做客。为了活跃气氛，有人建议每人动手做一道菜，大家都觉得这个主意不错。经过几个小时的忙碌，一桌菜终于上齐了。领导端起酒杯对大家说："今天是我的生日，非常感谢大家大热天赶来为我送祝福……"一杯酒下肚，大家开始品尝彼此的手艺，就算某道菜不堪入口，也会微笑着说"棒极了""味道不错"。这时小王也做了回席间点评，他吃了一口鱼香茄子，夸张地撇了撇嘴，说："哎呀，这是哪位高人的杰作？倍儿难吃不说，还咬不烂，不信你们尝尝。"顷刻，众人面面相觑，场面有些尴尬。原来，这道菜是领导做的，还是在别人的指导下完成的。平时，领导在家里不怎么做菜，所以，手艺一般。好在有些员工反应机敏，赶快站出来打圆场，才让气氛重又变得热烈起来。

像小王这样的人，认为自己实话实说，可以赢得别人的信赖，是为人坦诚的表现，其实，这是典型的低情商。有些丑话说出来会伤人，这时，就需要换一种表达方式，多给人一些温暖和鼓励。

鲁迅一向文风犀利，经常会用尖锐的语言批判虚伪之人。有一次，他为萧红代表作《生死场》作序的时候，对这本小说赞誉有加。他在序言中有一句话是这么说的："叙事写景胜于描写人物。"他对此的解释是：描写人物并不怎么好。但大师就是大师，他换了一个方式表达，自己说了真话，也没有让萧红下不了台，这就体现了他的高明之处。

不说伤害别人的真话，就是一种高情商。看到想吐槽的地方，人人都想一吐为快。但这样做的话，你是一时舒服痛快了，却让别人伤痕累累。

话说出去可是收不回来的，伤害过的人，即使和好了，裂痕依然在那里。高情商的人，总是能够委婉地表达自己的意思，即使是说耿直的实话，也能说得动听。所以，高情商不是不说真话，而是把真话说到位！

情商有问题，思维就受限

许多人在遇到人际难题时，会质疑自己：是不是自己的情商有问题？要不怎么处理不好人际关系，说话总是不受听？如果情商不太高，那该怎么办？

我们通常认为，情商就是面对不同的人和事，知道该怎么说话，还让彼此都舒服。简单来说，在绝大多数情况下，我们不能和更多的人进行有效的沟通，只把自己限定在一个很小的圈子里，主要是因为自己的认知逻辑出了问题。尤其一些人，他们越是不善于与人交往，越会固化自己的这种逻辑。比如，他们喜欢对周围的人分类，谁和谁是一类人，谁和谁是另一类人，以及谁好说话、好沟通，谁难说话。然后，对"好说话"的那些人就多交往，对"不好沟通"的人就避免交流，如此，"不好沟通"的那些人，会让他们永远头疼下去。

在这种情况中，问题之所以发生，不是沟通的问题，也不是人品的问题，而是情商问题。再举个例子，很多男生追女孩子时，都输在情商上。如果一开口就说"给我发张照片吧""咱们在一起挺合适""你给我挑点毛病吧，我都听你的"……女孩一听，就拒绝了。男生自己说话不讲究，还要乱猜测：现在的女孩子都是怎么想的？

情商高的男生，在追女孩子时，一开始可能不会说话，显得木讷，比如会说"我们交个朋友吧"，女孩拒绝了，然后他可能会想：女孩为什么要拒绝呢？然后慢慢醒悟：可能女孩不喜欢这种表达方式，下一次就换一种呗。于是下一次就换别的台词，尝试其他的表达。三五次下来，就会总结出一套与女生交流的有效方法，并且了解了什么样的女孩喜欢什么样的说话逻辑。哪些是共性，哪些是特性，在他的眼中，开始有迹可循。

其实，与任何人交往都可以遵循这个套路。那些认为自己情商低的人，通常语言表达水平都比较差，反之，情商高的人，不但说话受听，而且能把话说到对方心里去。所以，当我们怀疑自己的表达能力的时候，一定要想想，是不是自己的情商出了问题。

小陈是一个追求完美的人，他总觉得自己智商高、情商低。在与他人交往时，他常常显得很不自在，越是不自在，越不知道该怎么说。有时，他会事先打好腹稿，但经常说到一半就卡壳，或不知怎么应对突如其来的变化。在工作中，面对一些图表、线路、数据，他也经常是一头雾水，所以，他有时会怀疑自己的智商也有问题。尤其被工作、人际关系困扰的时候，他就不知该如何衡量自己，想突破自己，却一点思路也没有。后来，他参加过一些演讲训练，状况也没有得到根本性的改善。

很多人都有类似的经历，当自己感到迷茫的时候，思维能力往往也是最差的，比如，在生气的时候，考虑问题就会显得极端、片面。当我们带着不良情绪或偏见与人交往时，说话行事就会带有强烈的憎恨、厌恶之情，以及一种很不稳定的心理状态。从这个意义上讲，情商会影响一个人的思维能力，思维能力也会反映在情商上面。

一个思维敏捷、反应迅速的高情商者，往往能清晰地了解和掌握自己的情绪，不会做出过激的反应，同时，又善于察言观色，知道自己什么样的言行可以让对方产生什么样的感受，并会据此建立关于个人言行的集合与别人情绪反应的集合之间的对应关系，在这个对应关系中，根据自己想要达成的目标来选择合适的言行和策略。

所以，高情商者在与别人互动时，不但会用自己的情绪带动别人的情绪，也会因人因事采用不同的谈话术，从而让人觉得很有趣、不呆板。

如果思维能力比较差，那么怎样提升自己的情商呢？答案只有一个字："练"。比如，每当遇到不顺利、不顺心、失误、失败的时候，可以抱怨、发牢骚，但之后，一定要静下心来，问自己三个问题：希望这件事情是怎样的结果？是什么原因导致事情没有按照你所希望的方向发展？如果这件事情只能由你来改变、来解决，那么，你做什么样的努力，有可能达成你希望的结果？无论下次会不会有同样的事情发生，都要认真思考这三个问题。想清楚了这三个问题，许多症结也就打开了。

说话带情商，生活顺利一半

古代常用"三寸不烂之舌"来形容口才的高超和语言的魅力，口才的绝妙作用确实是很多事情难以比拟的。"欲审知其德，问以行；欲审知其才，问以言。"的确，语言就是这样奇妙非凡，既看不见又摸不着，但可以令风云变幻，这就是一个人说话的特有魅力及其非凡的作用。

我们常会见到这样的人，或者我们本身就是这样的人：有知识，无文化，或者有经验，无智慧。为什么会这样？其实都是因为情商问题。无数事实证明，高情商的说话术，不仅是一种能力，还可以改善自己的生存环境，让自己人脉得到拓展，让生活变得更顺利。

很多人说话的情商不高，或没有受过这方面的训练，这样的人与人交流，会产生诸多障碍，或者根本就无法与人沟通，他与对方就像生活在两个不同世界的人，用一句话说就是："不在一个频道上。"

　　小李是一家报社的记者，平时闲下来会兼职写一些稿件。有一次，经朋友引荐，有家公司想找他写一个书评类的稿件，由于实在抽不出时间，他就把这个信息转发到了一个微信群里，希望大家能帮着推荐几个合适的人选。很快，就有一个人加了他的微信，说自己想接这个活儿，同时发来一篇八百多字的文章。

　　小李说："我想把你引荐给编辑，不过，看了你的文章，才八百多字，人家要求三千字，实在少了点。"

　　对方回复说："你这个人好笨啊，你再凑点字数，改一改再给编辑不就好了。"

　　小李说："兄弟，你才写了八百多字，我需要再加两千多字才够，那不成了我写的了吗？"

　　对方有些不快，过了好半天才回信息，说："你这个人真是冷漠，大家都是圈里人，相互帮一下有什么难的……"

　　小李见他不可理喻，便不想和他就此事继续交流。第二天他发现，那个人在微信群里发了许多批评他的话，而且还恶意贬损。

　　在这个案例中，那个想接稿的人情商明显是有问题的，从他与小李交流的语言中我们就能看到这一点。可以想见，他总是抱持这样一种做事态度与说话方式，在写作圈里怎么发展？在社会生活中怎么与人交往？十之八九，这样的人的生活不会太顺利。

一个人的情商不但会影响他说话的方式，而且会影响他的认知和对事物的判断。情商低的人，习惯遵循这样的逻辑：我工作中的问题、生活中的不如意，是别人强加给我的。所以，在他们生活不顺利的时候，时常会抱怨、责骂别人，而丝毫看不到自己的问题。

比如，他自己不努力，生活压力很大，就会以"弱者"的身份大肆破坏大家共同遵守的规则，或者抱怨世道不公。在通往成功的路上，许多时候他们不是输在能力、学识上，而是输在情商上。

他们过得不顺利，缺少朋友，不善于沟通，不是因为世界不公平，而是他们的情商不及格。

低情商的人总是看到自己的弱点与不足，总是一味地抱怨外部环境与世道，看到别人的长处与成绩，总是用偏激的思维来考虑：越有钱的人越抠门，富人的钱都来路不明，成功的人都要靠关系……

某种程度的自私与狭隘，让他们见不得别人过得比自己好，否则，他们就会变得愤愤不平，言辞间充斥着谩骂、嫉妒、不满。这样的人，又怎么能过上幸福的生活？

说话高情商既是一种态度、一种修养，也是一个人生活如意的最好诠释。一个人的言语是他向外界展示其生活态度、质量的最好证明。

高手说话：内容重要，情绪更重要

情商低的人，在沟通过程中，不注重情感的应用，说话措辞、语气都不讲究，或是带着浓重的个人好恶。相对而言，高情商的人，说话时非常注重情感的传递，尽量照顾对方的心理感受。所以，后者即使话比较少，也能与他人进行高效的无障碍沟通，减少误解，增进理解。

小玉是公司的新员工，刚来不到一个月，马尾辫、帆布鞋，一身的学生气，但是工作很踏实。

由于刚步入职场，小玉对工作上的许多事情都不是很熟悉，所以她经常会向老刘请教。每次，老刘都会热心帮她解答，小玉很是感激。但是，有一天发生的一件事，让老刘对小玉的印象发生了转变。

老板交给老刘一项工作，限期一周，要求老刘负责，小玉做辅助性的工作。那天下班后，老刘收到了小玉的微信："刘哥，我明天有事想请一天假。"

非要这个时候请假，老刘有些不爽：手头的任务有些紧急，怎么第一天就要请假，这样工作计划得打乱重排。

所以老刘回复她说："由于任务紧急，请假的事情我做不了主，你还是问问老板吧。"

小玉很快就回复说："我已经和老板请过假了。嘿嘿。"

老刘又问："你打算上午还是下午请假呢？"

小玉发来两个字："全天。"

既然老板都同意了，自己也不好再说什么，只能重新安排工作计划了。

可没想到，半个多小时后，老刘又收到了小玉的微信："计划有变，明天后天我都要请假。我知道领导让我辅助你工作，但我有别的事对我真的很重要，实在去不了单位。"

老刘非常纳闷，一周上五天班，请假就要占去近一半时间，而且这下计划又要调整了，但老刘还是调整了情绪，说："好的，那后面三天可能你要多承担些，辛苦一下了。"

小玉回复说："这个时候不是说非要干多干少的问题，是我真的有事。时间不早了，早点休息。"

这让老刘有点发愣。

在工作中，不管是真情还是假意，大家在表面上都要保持基本的客气和礼貌，这是最基本的职业修养。在这个案例中，小玉如果真的有急事，请一两天假，也是可以理解的，但她说话的态度着实让人看不懂——理直气壮，而且略带不客气。她的态度最多让上司一时心塞，但对她来说，可能会给自己关上一扇门。在关于情商的定义中，有很关键的一条是，能够感知并且管理自己的情绪。在上面的案例中，小玉既无法感知自己的情绪，也无法管理自己的情绪，体现在说话上，就是随意、任性。

一个人和别人建立关系的桥梁，就是自己的言语。不会说话，就等于给自己关上了许多扇门。你让别人心里不舒服，别人自然不会帮助你。在这个世界上，如果缺少了来自周围人的助力，你注定孤掌难鸣。

生活中被贴上"低情商""不会说话"标签的人，往往自己都不知道问题出在了哪里，比如：聊天的时候，有的人让你感到有些无趣，甚至会觉得尴尬，而有的人却能让你感觉相见恨晚，想要引为知己；聚会或饭局中，有的人总能如鱼得水，成为焦点，有的人永远只是可有可无的陪衬；恋爱中，有的男人总能把女友哄得开开心心，有的男人却总莫名其妙惹女友生气；职场中，有的人总是很靠谱，能和同事领导高效沟通，得到重用、提拔，有的人老在沟通上出问题，难担重任；教育孩子，有的孩子总是很听父母的话，有的孩子却不管父母怎么说也听不进去。

不会说话不是性格问题，而是情商问题。在与人交往过程中，不能为了说话而说话，而要注重情感的表达与传递，把话说到心窝里，才能有理解，有共鸣。

拜托，千万别把话题聊死了

开口就得罪人，夸人能让人无限尴尬；一聊天就唱独角戏；说话不能表达清楚自己的意思，或不能让对方明白；和家人、朋友聊天能把天给聊死了；和同事、上司沟通，两句话过后就抬杠；和陌生人搭讪，却被人家认为"有毛病"；说服客户不知从何入手；上台演讲会紧张得说不出话来……

什么是低情商？这就是低情商。这些问题或许在你身上也有。在人际交往中，最尴尬的瞬间往往是把话题聊死的那一刻。

A，名校毕业后，被一家报社相中，成了一名记者，主要写财经和人物访谈方面的文章。刚开始工作，他总是写不出像样的文章，因为不管碰到什么样的采访对象，他都似乎没话可说。他最常问的问题就是：

"你最困难的时候想到过放弃吗？"

"你当时是什么感受？"

"你的愿望是什么？"

"接着呢……后来呢？"

每次，当这些问题一出口，也基本意味着聊到了尽头，对方也只能用三言两语来回应。由于得不到好的素材，A私下抱怨这些人只会敷衍。

直到后来，A跟着一位老记者B一起采访。这位老记者非常会聊天，情商极高。B总是聊一些细节，比如："咦，你办公室墙上这幅字有趣，'厚德载物'，你为什么喜欢这句话呢？"

再如："我曾看过一些关于你的文章，今天见面，觉得你的状态比我想象的还要好，你有什么秘诀吗？"

比起A口若悬河般表达自己的想法，B深谙会聊天的价值——会聊天的人并不是为了表达自我，显示自己的聪明、睿智、博学，而是和对方形成语言和心理上的良性互动，最终达成共识解决问题，先让对方说爽了，你才能获得自己想要的信息。

所以，B首先融洽气氛，每次见面都很会破冰，通过聊一些对方比较关注的东西，来拉近心理距离，这样，话题才容易展开。

可见，话说得最多的人，并不是最受欢迎的人，能说话和会聊天完全是两个概念。留心身边那些高情商的人，你会发现，他们未必能说会道，但是一定会把话说得恰到好处，不会一句话堵死人，或追求在言语方面胜过别人。

在实际生活中，该如何高情商地聊天呢？以下四个方面必须多加注意：

一、想清楚哪些话不能说

说话的分寸感其实不是表现在"说"上，而是表现在如何"不说"上。下面这些场合要注意：

1. 无法改变事实的话不说

想要找话题，要尽量避免谈论无法改变的事实。种族、年龄、身高、皮肤、外貌，还有很多已成定局的人生大事，如婚姻、生育、购房，甚至宗教信仰都不容易改变。这些事情不要用"如果……就好了"这样的方式来谈论。

像这样的说话方式就让人很反感："你这么漂亮，要是皮肤再白一点就好了。"你明知道人家天生皮肤不白，又何必说呢？

2. 留给别人反应、回应的空间

有些时候说话太多会制造很多麻烦。比如，有些人跟别人说话时喜欢自己一股脑儿地说，让别人连插话的机会都没有。真正的沟通是有来有往的，你每次表达一个要点，要看对方的反应，如果对方有疑问你就解释，让他明白你要说的是什么，然后，再表达下一个要点，让对方的思维和你说的话同步。

3. 在内行人面前要少说

如果你不是内行，最好少说话，因为很可能你简简单单半句话，就显示了你是外行，是在打肿脸充胖子，在别人心中，你的形象会受损。更重要的是，故作内行的时候，你要投入大量的注意力，这时候你最容易分神，在其他方面就少了戒备，你的弱点也会暴露无遗。

4. 少用对比的方式说话

谈论某事某人，最好只谈论其本身，不要对比、衬托。被对比的一方，会认为你是在讽刺，暗示他很差。

比如，几个朋友带着孩子聚在一起，你只夸其中一个小孩，说"你最聪明了""你最可爱了""你最厉害了"，没有顾及其他孩子，这些孩子的父母心里必定不舒服。赞美人虽然是最好的说话方法，但是在赞美 A 的同时不要伤害 B。

二、注意表达的顺序

同样的内容，表达的顺序不同，带来的效果会不一样，甚至有相反的效果。

1. 说话分清主次

在一般的场合，尤其是汇报、沟通的场合，重点内容、结果先说，然后再说原因、来龙去脉。这样显得有条理，听的人也容易抓住重点。

2. 产生消极作用的话要慢说

谈到不好的消息时,最好不要单刀直入,你可以先"设定底线",使对方知道不会太糟糕。比如,一个中学生数学考试考了60分,他回家以后应该怎么跟父母说?

如果他开门见山地说:"爸爸,我数学考了60分。"

他爸一听,心情马上阴沉下来了。

如果他说:"爸爸,今天数学考试好难啊,我们班好多人都不及格,就连班级第一名都只考了65分。"

他爸问:"那你考了多少分?"

"60分。"

这个时候,他爸应该想,还好,不算太差。

三、除非出于善意,否则尽量少撒谎

有些事情你想要回避,一般可能会撒个谎,但是,能不撒谎就尽量不撒谎,即使撒谎也不要把话说死,因为圆谎很难,万一被识破,会让自己更难堪。

比如,如果有人打电话找你的领导,而领导又不希望见这个人,你可以回答:"对不起,他现在不方便接电话。"也可以说:"对不起,他现在不在。"最好不要说"他在国外"之类的。如果对方是在附近打的电话,正好遇到你的领导了,那要怎么解释?

四、要学会适当"跑题"

好的聊天要学会"跑题",在一场十分愉快的聊天中,大家不会只聊一件事,因为只聊一件事就不叫话题了,叫专题。随着聊天的深入,话题会一个接着一个地出现。如果你能引起新的话题,就会让聊天在欢乐的气氛中继续下去。

找到新话题不是让你跳出当前的聊天话题,重新说起一件之前没有谈到的事情,而是要根据正在进行的对话自然引出下一段对话,让两段对话自然地连接在一起,顺畅地进行下去。所以在引起新话题的时候,你不能说:"好,现在我来说一件事,大家可能都没有听说过。"而是要说:"哎呀,说起刚才那件事,我上次就碰到过……"

除此之外,对于既定事实,不要过多追究,要做到这一点,需要一定的自我修养和克制。比如,你生日,朋友送了你一盒巧克力,你很讨厌吃甜食,你是对朋友说"不用客气了,我不喜欢吃甜食的,你自己拿回去吃吧"好呢,还是欢欢喜喜地收下好呢?当然是后者比较好,不然大家都尴尬。

所以说,聊天也是门学问。要高情商地聊天,需要不断改变自己不当的处世态度和方式。

情商低，说话更不能这么跩

　　情商会左右一个人的说话水平，从一个人说话的态度、方式，也可以看出其情商的高低。一个人的情商如果比较低，可以说他即使智商再高，也可能会变成生活中的"傻子"。

　　有很多高智商的人在生活中都不怎么受人欢迎，甚至成为精神世界的孤独者，是因为他们不善于交际，把所有的精力都用在了工作中，而没有过多地接触外界的事物，也鲜与他人进行心理沟通，所以，在人际交往中会表现出与智商不一致的情商。也有一些人本身智商不高，情商还要拉后腿，不论在工作中还是在生活中遇到问题，都处理得不是很好。

　　通常，低情商的人不会很好地考虑别人的感受，说出来的话容易伤人。尤其在一些重要场合，他们经常会无意识地说一些错话，结果不是闹出笑话，就是制造尴尬，抑或是被人误解。

　　陈明家中有一台闲置的台式电脑，是三年前买的。一次，朋友的电脑坏了，打算买台新的。陈明心想：正好家里有一台闲置的，不如让朋友拿去用，再说，也可以帮他省一些钱。他把自己的想法告诉了朋友，并且说："你如果不嫌弃的话，就自己来取吧，平时办公什么的倒是可以凑合着用。"

朋友听了很开心，说："好啊，好啊，我下班就去取。"

由于两家离得比较远，加之自己正好休息，陈明便打了出租车把电脑送了过去。当晚，朋友发来微信："兄弟，你这个电脑上网、玩游戏什么的没问题吧？看配置非常一般啊。"

陈明说："是啊，是三四年前的配置了，上网、办公还是没有问题的。"

过了一会儿，朋友又发来信息说："兄弟啊，这电脑实在太卡了，我都要崩溃了。"

陈明有点儿不高兴，便说："本来就是旧电脑，你也别有太大期望，先凑合着用。如果不能用，我有时间再拉回来。"

过了很久，朋友也没有回信。大概是觉得头天晚上自己说的话有些不妥，第二天他回了一条："兄弟，谢谢你啊。"

从这个例子中我们不难看出，陈明的这位朋友并非真心嫌弃电脑太老旧，而是心里有什么想法，就毫不掩饰地直接表达出来，即使没有"嫌弃"之意，陈明听了也很不爽。这就是典型的低情商的表达方式。如果当晚使用了朋友的电脑后，及时对陈明说："真心感谢你的帮助，虽说这电脑你有段时间没有用了，但我用起来感觉还是蛮好的。"那么对方听了定会感到很舒服。

在平时，要让自己说出的话更受听，除了要字字带着情商，还要避免说一些低情商的话。什么是低情商的话？概括起来，常见的有四种：

一、耿直的话

有的人这样评价自己："我心地很好，就是不会说话，总是惹别人生气。"或者说："我这个人就是心里藏不住事儿，看到别人的缺点总想指出来。"还有人说："我脾气不好，一生气的时候就爱骂人，但是我的坏脾气只要一过去，我就忘了之前说过什么了。"

说白了，这些都是低情商者给自己找的种种借口。一个人对自己没有要求的时候，其实是给对方提出了很高的要求。他们总是以一种不成熟的态度要求别人能体谅自己的缺点，自己却不改进，这绝对不是对自己负责任的态度。这样的态度只会带来自己与他人的疏离，因为人们不会真正在乎那些在语言上不尊重他们的人。

在人际交往的过程中，会说话有时候不仅仅是一种技能，也是一种懂得为他人着想的"厚道"，恰到好处的话语才能够赢得别人的信任。

二、狂妄的话

生活中，有些人似乎对什么都不满意，只要你跟他提起一件事，他定会满嘴否定之词。比如，你说哪个牌子的香水挺贵的，他马上接话道："不贵啊，我买了几次了，可是我觉得这个牌子的香水不好闻，你买来干什么啊？"

你说想去某家餐厅吃饭，他会说："是那家餐厅啊！我去过几次，一点儿都不好吃，还不如去另外一家呢！"

你说哪辆车挺漂亮的，他马上会怼你："我还以为是什么车呢，你的审美有问题吧？就那破车，白让我开，我都不稀罕。"

这种人情商低不说，言语还特别狂妄，甚至有些目空一切。他们最大的一个特点，就是否定别人，炫耀自己。知人者智，自知者明，真正情商高的人是不显山不露水的，除非你真的那么有本事，否则就不要口出狂言。

三、决绝的话

人在生气的时候，总是口不择言，说出一些决绝的话，等心情平静后，多数会觉得自己有些失态，并为自己的言行懊悔。但世界上没有后悔药，一次两次也就罢了，如果一个人一而再、再而三地说这样的话，可以肯定，他会一次次被打脸。

比如，很多情侣一有点不愉快，女方就赌气说分手：

说的哪句话不讨她欢心，分手；不小心惹到她了，分手；没有满足她的心愿，分手……虽然，最后还是和好如初，但是那些决绝的话多少会给双方的感情蒙上阴影。也有一些情侣和对方吵架之后，在朋友圈里说自己分手的消息，可是过不了多久又秀起恩爱来了，这样打脸的事情，只会让人看笑话。

其实，只有情商低的人才会这么冲动，高情商的人，都是先思考再说话的，即使自己很生气，也会给自己缓冲的时间，让自己平静下来再说话。

四、抱怨的话

人非圣贤，每个人都有负面情绪，都想通过抱怨来发泄，但是天天都像怨妇一样，也就没有什么可以交往的人了。

快过年了，老同学们难得聚一聚。就在大家其乐融融交流的时候，李强推门而入，一脸的怒气："这路上也太堵了吧，都多长时间了路还没有修好！他大爷的。"在座的人也觉得路上有些堵，便纷纷附和他，都开始抱怨自己上班路上有多堵。

李强坐下来后，就开始抱怨自己的主管："那个浑蛋，一天什么也不干，就指挥这个指挥那个，到了月底，功劳都是她的，要不是因为她和老板是那种关系，怎么可能有现在的位置？"

听李强说完这句话，大家都不怎么想说话了，只是"呵呵"，可是他依然自说自话，一会儿抱怨现在的房价太高买不起，一会儿抱怨现在的女孩子太追求物质，整场聚会都只听到他的声音，因为他的抱怨，大家都没了兴致，匆匆结束了本来开开心心的聚会。

情商低的人，往往就只会在嘴上抱怨他人，从不在自己身上找原因，那么，相信他以后的生活也好不到哪里去。

说话很难，拿捏该说什么话更难。有很多人，不是不努力，不是缺少机会，而是"死"在了不会说话上。为了不让自己活得累，也不让别人觉得"与这个人相处累"，一定要学会提高自己的情商，不再让说话成为一种负担。

第二章

提升语言修养，
该说的话说利索了

如果仅从交际功能看，语言只是一种沟通工具；如果从语言和"说话人"的关系来看，语言是个"多媒体"——既可作为工具，也是情商的一种反映。

有语没气，别说你会说话

文学作品的感情色彩表现在辞章文采上，说话者的思想感情则表现在声音气息上，即语气上。语气是说话人的口气和态度。"语"是指通过声音表现出来的语句，"气"是指朗读、演讲时支撑有声语言的气息状态。语气既包含内在的感情色彩，又有外在的高低、强弱、快慢、虚实的声音形式。

在说话的时候，我们会过多地关注谈话的内容，而忽略了说话的方式。而在说话的方式当中，最容易被忽视的就是语气。一个人说话的语气，隐藏着对对方的态度。高情商的人，非常善于将自己的观点不露声色地隐藏在适当的语气中。

不管两个人谈什么事情，千万不要提高嗓门去说，一旦讲话的声音大了，对方就会问："你什么态度？"于是，不管之前讨论的是什么问题，在这之后双方关注的焦点都会集中到对方的态度上。

积极的语气，会让对方感觉到被尊重和重视；消极的语气，会让对方感到被怠慢，从而生出距离感。高情商的人很少会在这方面犯错误，给别人造成误解，或给自己带来麻烦。

那么，哪些说话的语气可以巧妙地避免给别人以糟糕的感受呢？

一、少用反问的语气

"难道我之前没有告诉过你吗？"

"这么简单的事你现在才会？"

类似的话，我们听过的不在少数。事后仔细一想，你会发现，凡是以这种口气说话的人，情商都高不到哪里去。为什么？很简单，你可以做一下换位思考，如果有人用上面的语气和你说话，你会觉得"真爽，我就喜欢这种感觉"吗？当然不会，而且你会觉得心里不舒服。因为当一个人用反问的语气和你说话时，会让你感觉对方是在蔑视和嘲讽你。

再者，反问也是一种反驳，它传递的是这样一种信息：笨蛋，事情能这么做吗？而且还有一层意思，不仅是说对方错了，还觉得对方错得可笑。所以，这种语气对别人的杀伤力是相当大的，只有低情商的人才会用这种语气说话。

二、不用命令的语气

"喂，把你的东西给我用一下！"

"来来来，给我朋友圈点个赞，快点儿！"

如果一个人既不是你的上级，也不是你的长辈，只是一般的朋友，在请求你去帮忙做一些事情的时候，习惯用命令的语气和你说话，你又作何感想呢？

也许你会觉得莫名其妙，或者不爽，抑或愤怒。

三、慎用不耐烦的语气

"算我错了，行了吧？"

"你要是这么想，我还能说什么。"

不耐烦的语气是在说：你是一个麻烦制造者，你本身就是一个问题，你让我很不爽。这是一种非常有攻击性的表达方式。虽然有的人内心是在妥协，但是一旦用不耐烦的语气表达，就会给对方一种事实并非如此的感觉。

不耐烦的语气最容易给人一种言行不一的感觉。当一个人一边对你说"行了！行了！"，一边满脸的不耐烦时，你记住的只会是对方的不耐烦。不耐烦表达的是一种嫌弃，没有人喜欢被嫌弃，所以不要轻易使用不耐烦的语气。

上面谈到的三种语气，之所以说它们缺少情商，是因为它们只会产生消极的作用和暗示，给别人带来消极情绪，说到底，是对他人缺少应有的尊重。

可以说，经常使用这些语气的人，要么过于自我，缺少同理心，只在乎自己是否痛苦，不在乎别人的感受；要么过于在乎事情，而忽略了接受者是一个感性的人，从而在不知不觉中伤害了别人而不自知。不管是哪一种人，都算不上高情商的人。

语气很细微，但是很重要；语气不同，说话的效果也会有很大的不同。如果你在和别人交谈的时候，使用的都是信任、尊重和商量的语气，想让别人不喜欢你都很难。所以，语气不但会影响说话的效果，而且会影响你的人缘。

别张嘴就来，先把字咬清楚再说

字是写给别人看的，话是说给别人听的，清楚明白是第一要务。如果一个人连字都吐不清、话都说不利索，那给人的印象肯定好不到哪里去。你讲得好不好，首先得让大家听懂，你自己知道在说什么，但别人听不明白，或者听得很费劲，那这种交流就是低效或无效的。

吐字清晰是表达清楚的基础。虽然我们不可能人人都有"金嗓子"，也不可能都像播音员、主持人一样字正腔圆，但有一点我们是可以做到的，那就是一个字一个字地把话讲清楚。话说清楚了，客观上就可以部分抵消因为音质不好、普通话不标准等瑕疵对交流产生的不利影响。

苏联艺术语言大师符·阿克肖诺夫说："吐字不好、不清楚，就像是键子坏了的钢琴似的，简直叫人讨厌。"

不管是在生活中，还是在工作中，那些善于当众讲话的人，他们不但善于口吐莲花，而且很在意讲话时的用词与发音，所以才让整个讲话过程给人一种视听享受。这是高情商者说话的一大特点。有的人即使私下和朋友说话，也经常咬字不清，人多紧张时，话就更说不利索了。了解他的人能理解他，不了解他的人不免会产生疑问："这人话都讲不清楚，读过书吗？""就这口才，还是销售总监，忽悠我吧？"……

所以，不要以为吐字发音是小事，它并不只是主播、记者等才需要注重的语言修养。高情商的表达，一定是清晰的表达、有效的表达，这要求说话者用明白、无误的语言，第一时间准确地向对方传达自己的观点、意图，避免对方的误解。

具体来说，在克服发音吐字不清方面，要养成如下三种习惯：

一、每一个字发音要准

在口语交际中，只有把每一个字、词都发音准确，对方才能准确领悟你的意思，否则就容易造成歧义和误解。

例如：有位青年出差办事，需要住旅馆。他问路人："同志，雷管（旅馆）有没有？"路人一听，立即投来警惕的目光，厉声问道："雷管是国家禁止私人买卖的爆炸品，你要它干什么？"经过再三解释，方知是青年发音不准，将"旅馆"说成"雷管"。像这样的情况在我们的生活中时有发生。一般情况下，当面说话，有手势、表情等辅助手段，听者还能估摸出点意思来，可是，站在演讲台上，如果发音不准，吐字不清，就很容易让人产生误解，影响表达效果。

二、适当放开音量

《红楼梦》中有个小故事，挺有意思的。

有一次，凤姐偶然差遣宝玉的丫鬟小红替她去办事。小红办完事回来复命，凤姐一听这个小红说话干脆利索，小葱拌豆腐一清二白。她非常高兴，说："这个丫鬟说话对我脾气，这么着吧，你以后就跟着我吧。"小红在宝玉身边，只是一个负责打扫卫生的粗使丫鬟，到了凤姐这边，摇身一变成了深得器重的贴身丫鬟，地位扶摇直上。小红是凭借什么脱颖而出的呢？就是凭她说话清楚明白，让人听着舒服。

为什么凤姐爱听小红说话？因为她的声音响亮清脆，

而其他丫鬟说话多半声音太小，就连凤姐的贴身大丫鬟平儿也有这个毛病，为此凤姐还训平儿说："难道只有装蚊子哼哼才算美人吗？"说话声音小，不仅别人很难听清楚，而且显得没有自信。有时候，即使你的普通话很标准，但因为声音低，大家听得费劲，也会认为你吐字不清。所以，说话的时候要适当放开音量。

三、要杜绝"吃字"

什么是"吃字"？简单地讲，"吃字"就是在说话的过程中，个别字发音不完全，还未出口就一带而过，形成了一种似有似无的发音。比如，大家见了面经常会问"最近忙什么呢"，有时"什么"两个字的发音很低、很快，对方听了就变成"最近忙呢"。诸如此类的"吃字"现象还有很多。有人认为在演讲中"吃字"无所谓，甚至把"吃字"作为一种讲话时尚而效仿，这是不对的。"吃字"是一种非常不好的语言习惯，会给人留下说话随意、含混、不稳重的印象。特别是演讲者如果频繁地"吃字"，势必影响听众对演讲内容的理解和把握。

做到正确发音吐字的方法有很多。一是学习一点语言学的常识；二是养成勤查字典，随时纠正错误读音的良好习惯；三是通过看电影电视、听广播等有意识地矫正自己在发音吐字方面的毛病。

一般来说，吐字清晰、口齿伶俐的人，口才都比较好，能言善辩，而且思维敏捷，这样的人都很机灵，一点儿也不显得呆板和笨拙；同样，他们在人际交往方面，也会表现出相应的高情商。相反，口齿不清，说话比较迟钝的人，大多不善于表达。所以，看似简单的语言表达，却能反映出一个人的思维、情商甚至性格与社会地位。

停顿不是"嗯""啊""哎"

我们经常听到一些人讲话的时候，总是"啊""嗯""这个"……没说半句话，就会带出一个"嗯"或"啊"，听得让人着急，但你还急不得，因为对方不急。

为什么不急？因为他想急也急不起来，他不知道怎么连贯、完整地表达，只是习惯边说边临时拼接，但嘴不能停顿时间太长，否则会哑场，所以，就边说边想边"嗯""啊"。如果是私下交流倒没什么，若是当众说话，会被认为是缺少准备或对讲话内容相关知识不了解。

即使是语言天才，说话的时候，嘴也不可能与脑袋始终同步，停顿是必要的，但是怎么停顿，是有方法与技巧的，用"嗯""啊"当停顿符号肯定是不妥的。马克·吐温有一句经典名言："世界上最有效的词句是停顿。"怎么理解这句话呢?

简单来说,就是该停的时候不要讲,该讲的时候不要停,讲话过程中,恰当地停顿,可以增加讲话的效果。该停的时候,却像打机关枪,这其实恰恰是不自信的表现,即试图通过快速的表达来掩饰自己的慌乱。再者,别人也需要时间来消化听到的内容,如果你一直不停歇地讲话,大家跟不上你的节奏,很快就会分散注意力。所以,停顿既是换气时的生理需要,也是讲话时的标点符号,还是说话者情感表达的工具。适当停顿可以让沟通变得更加平稳和顺畅,同时,它还可以控制谈话的进度和节奏。

那么说话过程中,该如何正确运用停顿技巧呢?

一、语法停顿

读一篇文章时,一般句号、问号、感叹号停顿的时间稍长,逗号、顿号停顿的时间短;句与句之间的停顿长些,段与段之间的停顿更长;成分复杂的长句,通常在主语之后略作停顿。例如:"难道他们,不想将母亲,从敌人手里救出来,把母亲也装扮起来,成为世界上一个最出色、最美丽、最令人尊敬的母亲吗?"只有一个修饰词的句子,一般可以不停顿;修饰词多的,离中心词远的可做停顿,连着中心词的地方可以不停顿。

说话大体也要遵循这个原则，比如，讲完一层意思，要稍作停顿，观察对方是否已经理解。在讲下一层意思或谈另一件事情时，该快则快，该停则停，给对方反应的时间。有些人这点做得不好，比如一些推销员，在向顾客推销产品时，一口气能讲 10 分钟，全程保持一个节奏，不给顾客任何插嘴的机会，只是最后会问："还有什么不明白的吗？"其实，这时对方早已没有了兴趣，你说什么他才不关心呢。

二、逻辑停顿

　　为显示语义，突出停顿前后词语，而不受标点约束的停顿。例如："我们不怕死，我们有牺牲精神！我们随时像李先生一样，前脚跨出大门，后脚就不准备再跨进大门！"前一句是原因，后一句是结果，在表达这种因果关系时，就需要一个较长的停顿，才能凸显语言的强度。在平时的交流中，我们很少会使用这类停顿，但是对于演讲者或是播音人员来说，这是必须掌握的一种表达技巧。

三、感情停顿

　　这是依据说话者的心理和情绪所做的一种特别的停顿。它是为了渲染某种思想情绪，有意识地、突然地做停顿处理。例如："秋风里，你们举起了挥别的右手，凤凰花下，请允许我们再道一声，'辛苦了，实习老师，祝你们一路顺风！'"说话者在"再道一声"之后停顿一下，最后的问候语和祝愿语就被强调出来了，这样，更能表达自己的真情实感。在平时，一些高情商者也经常会利用这类停顿，如领导激励下属、恋人表达感情等。

四、回味停顿

在话尾所做的特意停顿，称为回味停顿，目的在于留给听众一个思考和体会的余地。例如："朋友，如果让你选择一个你最喜欢的词，你会选择哪一个呢？您可能会选择'幸福'，也可能会选择'生活'或'爱'……但是如果让我来选择，那我一定会选择'责任'。"在最后一个"选择"之后做一个长的停顿，然后再说出"责任"。这个停顿能引起对方的重视，也增强了互动，还可以调动对方的情绪，起到控场的作用。

总之，停顿是说话不可缺少的一种技巧和方法。尤其对于记者、演讲者、主持人、主播来说，掌握好停顿的方法，不仅可以起到良好的控场作用，还能增强说话的感染力。

高情商地表达，须让声音亮起来

高情商的人很少会传递负能量，即使他们没有出众的音色，说话也非字正腔圆，但我们还是能从他们的表达中感受到正能量。我们都有过这样的经验：初次给一个人打电话，或接听一位陌生人的电话，我们根据一段简短的对话，在脑海中勾勒对方的形象——是积极乐观，还是消极悲观，抑或就是一个骗子。许多时候，这种感觉大体还是正确的。如果我们的经验足够丰富，还能从这种声音中揭示出更多信息。

可见，声音也是一张名片，有时它比相貌更有益于我们对一个人的性格做出判断。所以，我们不仅要懂得说话，还要注重说话的声音。

有一个年轻人，非常敬业，话也不多。每次开会的时候，他总是会挑最靠边的座位坐下，汇报工作的时候，他用时不会超过一分钟，而且声音非常低，以至于大家记录的声音都能听到。起初，领导会对他说："小赵，声音能不能高一点啊，你不是在说悄悄话吧？"听领导这么一说，他会变得有些紧张，但声音还是那么低。一两次过后，领导也不想为难他，随便他在会上怎么讲，不管他讲什么，领导都会在他讲完后，说："下一个。"而其他员工在介绍完工作后，领导会进行点评。小赵因此感到被领导冷落，不受重视。其实不然，因为领导实在没有听清楚他在说什么，不好做出评价，只能事后再找他了解情况。被领导"特殊"对待，小赵觉得很没面子。

其实，领导一直都比较重视小赵，只是他不善于交际，语言表达能力也很差，说话声音更像蚊子叫。平时他说的话，大家不管听懂没有，都不会追问，因此，他也与同事间产生了一些误解。

像小赵这样的人，说话有气无力，甚至有些老气横秋，完全让人看不到活力，就会让人觉得他是一个消极悲观、情商很低的人。其实，这样的人不是不能提高嗓门说话，只是缺少自信，缺少大声说话的勇气。

有人认为，说话只要内容足够实用，其他则是次要的。这种想法不完全正确，说什么固然重要，但内容是通过声音直接传达出来的，声音直接影响听众的体验。好的内容再加上好的声音表现，才会体现出语言的积极作用。这就好像你文章写得很好，字也写得非常漂亮一样。

在现实生活中，要像高情商者一样说话，须得先让自己的声音亮起来，在表达的时候，特别要注意以下四个方面：

一、声音要积极，句尾常扬

声音不积极，易给人萎靡不振的感觉。声音不积极的主要表现，就是每一个句子的句尾语调呈下降趋势，给人的感觉是说话没有底气，话说得头重脚轻。声音要积极，必须"句尾常扬"，也就是说，句子不要落下来，而是扬上去，有一种被提起来的感觉。

二、声音要震撼，充满能量

有震撼力的嗓音，音色更强，声音更有力，充满了能量和活力。如果你说话时有力量，有自信，让人听起来熟知你所讲的话题，认为你所阐述的观点非常重要，那么听众也会相信你所说的话并接受你的观点。所以，要让自己的话有分量，必须先让声音充满能量。尤其是各种演讲，本身它们就是"激情的对话"，演讲者一定要备足能量，确保激情不衰。

三、声音要响亮，底气十足

声音不响亮，有两个方面的原因：一是底气不足造成声音不响亮，提升底气的最好办法，就是加强小腹、横膈膜的力量，可以向远处连续、均匀、坚实地发"hei hei hei"；二是口腔开得过小，或唇舌无力，因此可以练练"咬苹果"，将握拳的手想象成苹果放在嘴巴前面，尽量张开嘴欲吞下苹果，反复练习张嘴的动作，这对提高声音的响度、清晰度、流畅度效果相当明显。

四、声音要悦耳，吸引听众

声音太单调、沉闷，会给人一种老气横秋的感觉。如果在说话过程中，句子在升降、轻重、快慢、停连等方面长时间没有变化，就很难抓住听众的心。声音的艺术美就体现在变化上，声音应如高山流水，有汹涌澎湃，也有风平浪静；有波澜起伏，也有停停连连。当然这种变化不是想怎么变就怎么变，必须根据内容而定。

除此之外，声音还要有穿透力。不论有多少听众，演讲时都要做到：让声音能传达到离自己最远的那一个人。这样，你就会吸引每个人的全部注意力。再就是，说话不仅仅靠喉咙，力量不能只集中在嗓子一处，而应让身体的各个部位都积极加入其中，全身心地说好话。

口头禅当习惯，惹人烦

你是否注意过，身边的朋友说话时，有多少人带着口头禅？也许有些人说 10 句话，包括 8 个"然后"；有些人好像从来没有过顺心如意的时候，老是把"郁闷"挂在嘴上；美国前总统奥巴马不论什么都要说个"恕我直言"；肯尼迪的女儿接受《纽约时报》采访时，曾一连说了142个"你知道"。

现在的好多年轻人，都习惯将"郁闷"挂在嘴边。不管是下馆子点菜，还是大家一块儿商量去K歌，有人一概以"随便"两字来回答……

除此之外，常被挂在嘴边的口头禅还有："不是吧""我晕""没意思"……

小周在一家网络公司工作，他的口头禅是"真尴尬"。有时请同事帮个小忙被拒绝了，他会说"真尴尬"。即使工作做得好，受到老板的表扬，他还是会说："真尴尬，每天打游戏还能受到表扬。"别人玩"吃鸡"游戏，一晚上连根"鸡毛"也摸不到，他"吃鸡"后总是会说："真尴尬，这也能吃鸡。"当人们问他为什么总是爱说"真尴尬"时，他的回答是："不为什么，它就像在嗓子眼卡着一样，不说都不行啊。"

像小周一样，很多人在公开场合都会不由自主地说一些口头禅，有些属于语气词"嗯""啊"，有些属于个人表达习惯的"这个""那个"。这些词语在讲话中并不能表达任何有意义的内容。如果偶尔使用，无伤大雅，一旦变成了无意识的"口头语",句句不离,就会让别人产生厌烦的情绪。

李军是一家上市公司的老总,随着公司业务的发展,他的"出镜率"越来越高。为了提升演讲水平,他经常看自己的演讲视频。他这才发现,自己的"原生态"问题不少,其中最明显的就是"我的意思是""是不是啊",他细心数了下,一场10分钟的演讲,就出现了三十多次"我的意思是",自己听着都累,但是演讲的时候,自己却完全感觉不到。

当然,口头禅并非老总们的专利。每个人或多或少都有说口头禅的毛病。比如,有人平时讲话还可以,一上台,口头禅就多起来了。有个新员工是这样介绍自己的:"我,那个,以前在一家机械厂上班,那个,我,嗯,负责技术。我的工作是,那个,技术研发,嗯,对……"哪怕你是技术能手,这样讲话,只会显得你既没见过世面,又缺乏自信。

有人可能觉得,口头禅不是什么大问题,但经验告诉我们,消极的口头禅对于个人来说,也许能达到一种心理宣泄的作用,比如说一句"没意思"或"郁闷",心里会舒服很多,但这些负面口头禅带有很强的心理暗示作用,会影响身边人的情绪。同时,这些口头禅也反映了一种放弃自我选择、消极拒绝等心态。像喜欢说"随便"的人，往往是爱随大流、不能为自己做主的人。因为"随便"隐藏着"错了别怪我，和我没关系"这样推卸责任的潜台词。不管别人问什么，都先回答"不知道"，同样是缺乏责任感的表现。还有些中性的口头禅是没有任何意义的，比如"然后""嗯""这样"等，能不说也最好别说，真正好的语言是干净、符合逻辑、准确、客观的，加进琐碎的东西，不仅让人听了不舒服，而且是对语言的污染。

那么有没有办法克服说消极口头禅的习惯呢？答案当然是：有。我们知道，口头禅是因为习惯及紧张与不自信造成的，因此我们可以从以下这些方面入手，来对症下药。

首先，认识自己的口头禅。如果你说口头禅的现象比较严重，不太好改，可以把自己平时说的话用手机录下来，再反复放给自己听，切身感受一下，看看自己对其中口头禅的重复表述，有多大的接受程度。如果自己都听不下去，那又怎么指望别人会认真听呢？

其次，要有意识地克服。其实说口头禅就是个习惯，改掉说口头禅是一件很小的事情，如在说话时放慢速度，或者把想要说的话先在头脑中过一遍，这就能有意识地避免一些口头禅。成年人是有自制力的，只要自己真正地重视起这件事情，有意识地去克服，是很容易改掉口头禅的。

再次，多用普通话来交流，尤其平时与人交流时，尽量多讲普通话。因为很多口头禅用方言说会比较顺口，而普通话多使用书面语，不太容易产生口头禅，而且一些不文明的话也不好用普通话说出口。用普通话交流，还可以把普通话练习得更标准。

最后，多让身边人提醒、监督自己。可以让父母或者身边比较亲密的朋友时刻提醒自己。在你不经意说出了口头禅时，就让家人严厉地批评你，不管什么场合都要批评，哪怕是有很多人在场的时候，也一样要批评。越是重要场合，你越觉得难堪，也就记得越牢，越容易改掉说口头禅这个不好的习惯。

综上，你可以从中选一个最适合自己的方法，来改掉这个习惯。不管是用哪一种方式来改，都需要坚持。

精准表达，要学会长话短说

在日常生活中，有很多人讲话逻辑混乱，思路不清，原因之一就是不懂得概括，一开口，就是一长段的话语，没有任何的概括提炼，加上思路飘浮，想到什么就说什么，其结果一定就是"两个黄鹂鸣翠柳"——不知所云，"一行白鹭上青天"——离题万里。

《墨子》中有这样一段话，很能说明问题：

子禽问曰："多言有益乎？"

墨子曰："虾蟆蛙蝇，日夜恒鸣，口干舌擗，然而不听。今观晨鸡，时夜而鸣，天下振动。多言何益？唯其言之时也。"

这段话的意思是，子禽问老师墨子："多说话有好处吗？"墨子回答说："蟾蜍、青蛙之类，日夜叫个不停，叫得口干舌疲，也没有人去听。但是再看看雄鸡，在黎明按时啼叫，所有人听到它的叫声都会起来劳作。那么多说话有什么好处呢？重要的是话要说得切合时机。"

墨子这番话说得很有道理，在说话过程中，有些事情说得再多也是徒劳的。说得太多，往往显得啰唆，像《大话西游》里的唐僧一样，喋喋不休，让人失去了耐心。而话说得再好听，如果说不到点子上，说不到对方的心里，也只是漂亮的套话，没有任何实际意义。因此，一番话说出来，关键在于两点：第一，要选择合适的说话时机，就像墨子所说的雄鸡那样，"时夜而鸣，天下振动"；第二，要准确把握听者的心理，把话说到对方的心坎上。

所谓高情商的讲话，不在于长篇大论，而在于精巧奇妙，如同构思精巧的奇文一般环环相扣，严丝合缝，让人找不出一丝破绽，自然也就找不出辩驳的理由。可见，概括有三大好处：第一，重点突出，容易让人明确你的观点；第二，避免啰唆重复，简洁的语言让听众愉快；第三，层次分明，有利于你自己展现思路而不至于混乱。

说短话，不但要精简说话的内容，长话短说，而且要善于运用一定的逻辑串联各个语言段落，像用一条线串联起一颗颗珍珠一样。不但说的每一段话要有趣不拖沓，而且要让看似没多大关系的各段话，实际上都有所关联。如此说话，会有更强的感染力与说服力。

那么如何概括、提炼自己要说的一大堆话呢？方法有以下三种：

一、关键词概括

关键词法是最为常用的方法，也就是用关键词来概括自己的基本观点。当然，这里的关键词也可以放宽为关键句，那种十个字左右的精练短句，也可理解为关键词。

如果是即兴讲话，可围绕主题，迅速地在思绪当中抓出三个关键词，然后围绕这三个关键词分别展开，这样既不会忘词，也不会思路混乱。比如以"健康"这个话题为例。如果你要讲"如何确保自己的身体健康"这个话题，可以从三个关键词入手，即饮食、运动、心态三个方面。接下来具体讲的时候，可以从三个方面来谈：要有合理的饮食，要用科学的运动，要保持良好的心态。这样，要点突出，且有相当的说服力。

关键词概括的关键有三步：扣题、取舍和分解。

第一步是扣题。就是在讲话的时候，即使你的头脑中思绪万千，纷纷扬扬，但你必须强烈地要求自己，只能紧扣主题去抓取关键词。而且，即使你想到的是长句子，你也必须在长句子里面把关键词给找出来，而不要试图让自己去记忆长句子。

第二步是取舍。你不能指望把所有想到的素材都用上，一定要舍掉许多你觉得挺有意思的故事、警句，否则，过多的素材一堆砌，反倒容易让你陷入混乱与离题的困境。掌握好取舍，目的就在于让你的思维聚焦到三个关键词上，让自己思路清晰。

第三步是分解。只选三个关键词非常重要。但是常常有不少人觉得找不出三个关键词。问题出在哪里呢？出在他用一句高度概括的话，把几个有价值的关键词都囊括进去了。

二、关键词串联概括

在说话的时候，肯定需要表达自己的观点、要求或愿望，在这个过程中，要把一些关键词通过某种逻辑串联起来，形成一个完整的链条。反过来，也可以把一些原本串联在一起的关键词，分开来解读，把自己的观点融入其中。比如，有段时间人们喜欢说的一些词是"白富美""高富帅"，就可以分开来解读，如"白骨精"，"白骨精"原指《西游记》中的妖精，你可以把它解读为白领、骨干与精英的合成人物。当然，你也可以模仿这个逻辑，造一些"词"。

三、数字串联概括

数字串联法是以数字来串联关键词，使之更容易引起注意和记忆。这种概括方法在古今中外都非常多见，尤其是中国的官方话语体系中。比如当年毛主席提出共产党人的"三大作风"——理论联系实际，密切联系群众，批评与自我批评。毛主席还提出了"三座大山"——帝国主义、封建主义和官僚资本主义。这种数字联概括还有"一个中心，两个基本点""四个现代化"等经典的例子。

很多人都知道说短话的好处，但不知怎么说短话，由于想要表达的东西太多，话题始终说不完，即使想要告一段落，也要花费很长时间，这样，就会显得啰唆。

所以，高情商的表达不在语言的长度，而在语言的质量，主动明确话题范畴，减少与观点无关的表述，用简练的语言阐述观点，更容易被人接受。

准确表述，观点一步讲到位

观点是语言表达的一部分，观点不明，逻辑必然混乱。尤其是一些涉及操作性的方法，或一些要落地的方案，表述太笼统，就没有可操作性，就没有价值，说了等于白说，甚至不如不说。

有人说，同样一件事，自己写文章可以把它描述得很清楚，但是讲出来就很难让人理解，为什么？答案是：表达的问题。写文章与说话是两码事。文章写出来后可以反复琢磨、修改，但说出的话句句都是"直播"，观点不清晰，会增加别人的理解难度。

有个笑话，说老板决定开除一名员工，于是在QQ上对他说："你明天不要来上班了。"这个员工回复说："哦，好。"然后发来一个笑脸。第二天，他没有来公司。结果第三天，他又来了，老板很无语。

是这位员工情商低、悟性差，还是老板的表达有问题？或许两个方面的原因都有，尤其是两个低情商的人碰到一起，不闹出这样的笑话来也难。

许多时候，我们都需要通过口头表达，而不是靠写文章来展示自己的观点。要清晰无误地表达自己的观点，一定要注意以下三个方面：

一、重要的信息要从多个角度阐述

说话不是写文章，不能像倒录音带一样，一句话翻来覆去地讲。但是，有些重要的信息，不要想当然地只说一次，否则，可能会让人误解。

比如，我们和人约了见面时间，"晚上九点一刻见"，但如果表达不清，对方很容易听成"九点立刻见"，或理解成"八点四十五分见"（差一刻九点）。为了避免出现这样的误解，在确定见面时间时，可以重复一遍，或换个角度讲"九点十五分见"。

再比如，你提出了一个论点之后，进行了论证，一番摆事实、讲道理下来却发现，对方已经忘记你最开始的论点是什么了。这种情况还不算最差的，更差的情况是，有的人话才讲到一半，人们就不记得他的观点了。因此，如果沟通的时间比较长，其间一定要反复强调自己的主要观点，最后再进行总结。

在这个问题上，不要过高地估计别人的理解能力。有人做过一个实验：把一句话从 A 传到 B，再从 B 传到 C……等传到 E、F时，话已经完全变了味儿。这个实验有一个规则：只准传一遍，不许重复。所以重复，特别是多角度地重复，是避免歧义与误解的好方法。

二、难以理解的内容要留空白

什么叫留空白？简单来说，就是在说话过程中，有意拉大语句的间隔。最常见的例子就是，有些领导上台讲话时，喜欢"嗯""啊""这个""那个"，许多时候，不是他们特意留空白，而是无话可说，又不得不说，脑子一时反应不过来，只好用这些词来填充。这是被动留空白，听起来有些拖沓。

这里讲的留空白，是主动留空白。所谓主动留空白，就是脑子反应要快，在讲完一段话后，要有意识地"等一等"，等对方明白了，再按之前的节奏往下讲。比如，有经验的老师在给学生授课时，经常会留空白，他在讲完一个原理后，会观察学生的面部表情，从中分析哪些人还没有听懂，哪些人一知半解，再根据情况决定是继续讲新内容，还是再讲一遍之前的内容。

有些人经常会说"对不对啊""是不是啊"，其实，没什么对不对、是不是，而是在给对方留反应时间，让他们想一想这话是什么意思。

所以，一段话"听起来清楚"和"说起来清楚"是不一样的。如果不留下反应时间，你说起来清楚，对方听起来可能就糊涂了。

三、抽象的东西要形象化描述

"形象化描述",很好理解,就是具体该怎么去做。有人说话听上去慷慨激昂,仔细一想,却很空洞,没什么内容,就是因为抽象的东西太多,能落地的、可操作的东西太少。比如,你向一个人问路,对方回答说:"你往前走,左拐,然后右拐,再往前,左拐,再左拐,就到了。"面对如此回答,你是不是听得一头雾水?尤其当你的头脑中对这个地方没有任何概念时,你还是不知道具体怎么走。如果对方这样回答你:"往前走,过了红绿灯,向左拐,再走 200 米右拐,就可以看到那个大楼。"这样,你的头脑中就会有个线路图,大概知道你要去的地方在什么方位,距离有多远。

要想让对方领悟你的意思,接受你的观点,就不能"假大空",讲什么"多加练习""努力付出""全面深入",而最好讲"一天练 8 次""每天进行 4 小时学习""错误率控制在 1% 以下",等等。这样,大家更能准确领悟你的意思。

所以,说话不但要把话说对了,说清楚了,还要准确、流畅地表达自己的观点,减少对方的误解。

说话有层次，问题要"一、二、三"排开

高手说话习惯把问题"一、二、三"排开，不是为了模仿领导做派，而是为了表达更清晰——先说主干思想，再展开论述。同时，说话严谨，有逻辑，能经得起推敲，可以自圆其说的人，不会给人胡言乱语的感觉。

层次分明，条理清楚，能让对话者更快速地理解你要表达的想法，让对话的效率更高。所以说，从一个人讲话内容的层次方面，可以看出他的思维与情商，同样，从他的情商也能判断出他的层次。

所以，这里的"层次"，有以下三层意思：

一、说话条理清楚，分层次

说话有条理的人，一句话能说清楚的，不用两句话，很少讲空话、废话，而是言之有物，有始有终，有重点。因为他们有意识地运用简单化的表达顺序，比如"第一、第二、第三""过去、现在、未来""昨天、今天、明天""最重要、次重要"等。再就是，他们能够掌握说话的"语言

框架"，如时间关系、空间关系、因果关系、递进关系、并列关系、对比关系、总分关系。

比如，高情商的领导讲话经常采用"1—3—3—3—1"模式，即在开头使用一个总起句，结尾使用一个小结句，中间分三个分论点，每个分论点由三个句子组成的结构。这种结构听起来思路清晰，重点突出，可以给听众留下非常好的印象。采取"1—3—3—3—1"结构时，只需对中间的分论点进行丰富，更易于从整体上布局，不至于头重脚轻。

二、说话有水平，上层次

说话的水平也是有层级之分的。

第一个层级，叫能说。即基本上可以应付日常的一些工作，说话基本不会跑题，如汇报工作、开会讨论问题等。

第二个层级，叫善辩。也就是说，你的语言充满趣味性，会让人爱听，你基本上可以应付各种大大小小的场面。

第三个层级，叫智言。达到这个层次的人，非常善于表达，经常能让别人对他的观点产生强烈的认同和共鸣。

三、社会地位高，有层次

说话很能反映一个人的能力、水平及社会层次。有些人看着很端庄，形象也不错，但是一开口，就叫人大跌眼镜——"情商如此感人"。因为他说出的话与他的形象、身份、气质不符，这个时候，对方宁愿相信他的话更能代表他的个性与能力。相反，有些人其貌不扬，但说话很有水平，如此别人就会高看一眼。

不同社会层次的人，如果想在一起愉快交流，那么双方要懂得"迎合"对方。如果与某方面的专业人士交流，可以使用一些专业术语；如果面对小学生，那就多些童趣；如果面对的是普通的听众，那就通俗一点。

所以说，不管是高情商者还是低情商者，他们一开口，就会暴露自己的层次。为了让自己上层次，说话必须有层次——中心突出、逻辑鲜明的话语更能深入人心。

第三章

场面话要漂亮，
需句句带着情商

要特别讨人喜欢，就要特别
会说话：什么场合说什么话，和
什么人说什么话。会说客套话、
场面话、漂亮话是一种能力。和
任何人都聊得来、聊得欢，需要
高情商的技巧。

一分钟暖场，高情商者怎么说

关于开场白的重要性，许多名人都给出过很好的忠告。其中苏联大文学家高尔基就说过："最难的是开场白，就是第一句话，如同在音乐上一样，全曲的音调，都是它给予的。平常却又得花好长时间去寻找。"

高尔基的这段话包含两层意思：第一，第一句话至关重要，它的作用如同音乐的"定调"，规定着"全曲"的基本面貌和基本风格；第二，适当的第一句话不是那么容易找到的，它是长期积累和斟酌钻研的结果。

好的开场白，不在于语言多精彩，说话多有气势，而是一开口，就能从心理层面让听众产生共鸣，这种共鸣表现在听众最关心的开场问题上。

一、你主要谈什么

在交往中，尤其是正式谈话或演讲中，在开始的一两分钟里，应该让听众对你要讲的内容有一个大致的了解，切忌为了讲笑话而讲笑话，或为了活跃气氛而离题万里。"场面话"说完，必须转到正题上，如可以这样说："今天我来回答三个问题，这三个问题有助于你理财。第一，你如何挣钱？第二，你如何投资？第三，小钱如何生大钱？"这就简洁明了地交代了"你主要谈什么"这个问题。

有些人忽略了这一点，比如有人上台演讲，上来就以一个小故事开头，也不点明要讲什么，结果故事讲完了，听众还是一头雾水，临近结束时，突然点题："这就是我今天特别要强调的一点——如何做一个称职的妈妈。"所以你看，这个圈子是不是绕得有点大？

二、我为什么要听你讲

关于这一点，其实说白了，就是你有什么资格跟大家讲，你所讲的内容是否权威、专业和有效，怎么表现你的实力呢？这也是别人在你开口后，最关心的问题之一。为了打消听众的疑虑，在开场的时候，你可以委婉地告诉他们自己的特长所在。比如说"我在这方面认真研究了十几年"，"许多客户因为我而成长、改变，提升工作效率、提高收入"，"我接受过一些权威媒体的采访"……

这样，可以间接说明你有经验、学识，听众首先能从心理上消除疑虑。好多专家做讲座，不用讲这些，因为大家都认识他们，都是慕名而来的。但如果你只是一个普通人，没什么背景，别人凭什么相信你？就得凭你的资历、你的学识、你的新颖的观点……所以，这些东西一开场就要交代清楚。

小张是一个普通职员，被其他企业邀请去做员工培训，第一次上课，他这样说："我从事了八年的计算机网络编程工作，今天想把我的一些经验与工作方法和大家交流一下，大家相互学习一下。"这样，台下的员工就会想：噢，有八年的经验哦，厉害，厉害。由此可见，只有听众信服你了，他们才会认真去听。

三、你讲的对我有什么好处

因为每个人关心自己胜过关心别人，每个人都有私心，所以，无论是谈一个话题，还是做一件工作，大家首先想到的往往是自己。比如，你拿着一张集体照让某个人看，他首先会看谁？肯定是他自己，除非照片中没有他。说话也是这个道理——他们总是在想：你讲得好不好，与我有什么关系？能给我带来什么好处？

开场的时候，这个问题不回答清楚，听众很难专注于你的讲话。你可以这样讲：我想通过这次演讲，分享一下我的谈判经验，帮助大家提升一下与客户打交道的技巧。有些听众一听：哦，这正是我的短板，要好好听听学习些新技巧。所以，在正式谈话或演讲前后，要告诉大家，你听我的演讲，听我的专题，对你有什么好处。

以上是高情商者常用的开场方式，一开始就交代清楚听众最关心的三个问题，可以拉近你与听众的距离，引起他们的兴趣，赢得他们的信赖。

打招呼中透露出高情商

在与他人打招呼的时候，你的情商就写在脸上。如果你的表情是不屑的，得到的回应往往也是冷若冰霜的；如果你是真诚的，得到的回应往往也令你如沐春风。

在现实生活中，我们每天都要遇见许多或熟悉或陌生的人，从走出家门的那一刻起，我们做的第一个动作，就是打招呼。见到熟悉的人，如果是同事或者朋友，一声"你好"顷刻就可以拉近彼此的距离，使大家愉快地聊天。而同陌生人打招呼，一般是带有一定的目的。这个陌生人也许是你需要拜访的客户，也许是你需要跨部门沟通的同僚，也许是你遇到困难需要去求助的帮手。其实，我们内心对于和陌生人沟通，第一反应是抗拒的。自然界生存法则，让我们天生就对不熟悉的环境和事物，抱着一种防御的态度。所以学会打招呼，可以打破隔阂，快速建立关系，去达到自己期望的进展。

　　不管是熟人，还是陌生人，打招呼都不只是见面后一句"你好"这么简单，要把招呼打出高情商，必须注意以下五点：

一、调整心态

　　在和相识的人打招呼前，一定要有一个好的心态，不然你打招呼就流于形式，起不到任何作用。好心态可以诱发你做出种种亲切的行为，从容地引导你加深和对方的亲密度。

　　高情商的人在与熟人打招呼时是一种什么心态？一定是喜上眉梢、喜出望外的心态，即使你没有这种想法，也要去表现这种想法，这样可以加深别人对你在见面时喜悦感的体会，当别人感受到你的喜悦后，会更加加深对你的印象，拉近你们之间的心理距离，增进友情。这种心态的养成能够积极促进人际关系的发展。

二、点亮表情

　　闪亮的心态自然需要闪亮的表情配合，这样才有助于提升和别人相处时的亲和力。具体怎么做呢？那就是一定要保持笑容。记住，它非常重要。你可以体会一下，如果一个没有表情的人跟你打了声招呼，可能你转过身就会忘记他是谁,而一个人满面笑容的招呼却能让你印象深刻,并且记住他。所以不要吝惜我们的笑容,你对他人笑,很难想象他会不理你!

微笑一定要是发自内心的,不要假笑,皮笑肉不笑,那样会让人讨厌。在表情上除了笑,我们还要表现出喜欢对方、敬仰对方、崇拜对方等有利于亲近的眼神,这样更是画龙点睛,有助于交往沟通,拉近彼此的关系。

三、端正举止

通常,打招呼的动作包括招手、点头、握手等,在使用这些动作时,一定要考虑对方的社会地位、背景,拿捏好分寸。在这些方面,高情商者是这么做的:

(1)和上级领导、社会名流、前辈等有地位、有背景的人打招呼,应该带着亲切的笑容和崇敬的眼神,双手先伸出去主动和对方握手,以示亲切。

(2)和同事、朋友、熟人、平辈等打招呼,应该笑容友善,表现出喜悦的眼神,可以用招手示意、拍肩挽臂等方式,得到回应后微笑交流。

(3)和年轻人、下级、晚辈等打招呼,应保持仪表姿态端庄,面带和蔼笑容,眼神应关爱慈祥,对于晚辈的招呼应积极回应,点头或招手微笑示意。

(4)如果对方离我们较远,应主动远远地打招呼,这是你对对方的尊重及和对方见面时内心喜悦的体现。

四、修饰语言

在打招呼的时候，人们总是要问候或寒暄一下，很少会一句话都不说。那么在沟通时该怎么说，说什么呢？高情商者在这方面会表现出三个特点：稳、亲、和。

稳，就是说话语速、语音、语调，都要平稳，不能慌张、急促、无力等，否则会给对方留下不成熟的印象。

亲，就是语言要有亲切感，问候招呼要以关心对方为主，比如"最近怎么样？""你神色真精神"等。对方回答后，再进行深入交流。

和，主要是打招呼时用词问话要贴切平和，不要问得让对方尴尬，甚至反感，比如问对方"哎呀，走这么急，你是去投胎吗？""一周不见，你怎么又长胖了？"等，也就是说，不要用挑刺揭短的方式开场，多用赞扬的词句，实在想不出来怎么赞扬时，就用天气、时间等话题做开场。

五、圆满收场

通常，打招呼也就是几秒、十几秒的事，在经过前面的几个环节后，打招呼就进入了收尾阶段，在双方即将离开的时候，特别要注意这么几点：相互再次握手、微笑、点头等亲切动作；表现出自己的期盼，希望多联系；互相邀请的客气话,比如"常联系""闲了到家里坐坐"等;等对方转身后,再转身离去,让对方有尊荣感。

低情商的人往往会回避熟人,常见的一个动作就是装作看手机,或者眼神望向别处,假装没看见,这会给人留下很不好的印象,也会让场面变得尴尬。其实,一个简单的问候,或一个轻微的点头示意,不但可以释放你的善意,也可以让你在人际交往中争取更多的主动。

开场白讲不好,等于白开场

不论走到哪里,高情商者都能在很短的时间内与在场的人打成一片,开心地聊天,这得益于他们会做事、会说话。低情商的人认为,出席一些场合就得虚情假意,而且搞得整个人都特别累,其实,你不善于做场面事、说场面话,那才叫真的累。

能在各种场合混得风生水起的人,往往都是情商非常高的人,不看别的,只看他们在场面上讲话的水平,就略知一二。

尤其是在人比较多的场合,被邀请出来讲几句话,这是非常考验一个人情商与说话功底的。有的人见不了大场面，在办公室嬉戏打闹行，和朋友神侃也很在行，但你让他当众说两句，他却"整个人都变得不好了"：身体僵硬，表情呆板，说话结巴……不出来讲话还好，有模有样，一说话，完全露馅儿了——情商太低了。

有的人相貌平平，不显山不露水，也没人在意他是谁，但其人一出场，不但讲话有条有理，逻辑清晰，而且有深度、有水平，任谁都会高看一眼——这是谁呀？真是人不可貌相啊。

好多人害怕参加大活动，其实就是害怕当众说话，因为一说话，许多缺点就都暴露了。所以，在人多的场合说话是人际交往一项重要的修炼，尤其是开场白，一定要讲好、讲到位，宁可不出彩，也不能出丑。也就是说，在力求稳的基础上，再追求更好的效果。如果开场白与自己的身份、地位、职业等不符，会闹出笑话的，很多人在这方面出过丑。

具体来说，一个人需根据场合设计自己的开场白，不一定非要语言生动，但一定要避免低级错误，这些错误主要包括以下四种：

一、告诉大家你是"被迫"的

我们都有这样的感受：当你被迫做一件事情的时候，你往往做不好它。当众讲话也是一样。本来你不想讲话，却又不得不出来讲，那么你肯定很难讲好，如果你再告诉大家"我是实在没办法才出现应付一下"，那就更没人听了。

　　这里举个例子。如："大家好，我是王大海，和主办方刘总是好朋友，今天本来还有更重要的事，但刘总盛情难却，非要让我来给大家讲几句话。"听众听了这个开场白，会是什么反应？肯定会想：既然不想讲就不要勉强，讲了我们也不想听。其实此人的本意是，想通过这种表白求得听众的原谅，因为自己"的确没有准备充分"，但上面的开场白却是在自我否定：自己不想来，是刘总硬拉来的，既然来了，就只好应付一下了。如此，也就表现出他对被迫演讲感到很无奈、很消极。在这种情况下，听众对他说的内容也就没什么兴趣了。

二、强调这个主题"忒难讲"

　　在有些场合，主办方或主持人会随机让某个人起来讲几句，或主办方会指定相应的主题，让大家都讲一讲。不管自己有没有充分的准备，不管主题对自己来说是否存在困难，都不要强调这个主题如何棘手，而要想办法把它讲好。

　　比如某个主题对你来说有些难度，你说："哎哟，这个主题可真是难倒了我，我还真不知道该从哪里说起……"这样的开场白让人听了只觉得尴尬。

　　当众讲话，就是让你现场发挥，演得不好，要讲得好，讲得不好，也要表现得真诚，否则，别人认为你是在走过场。无论是主动还是被动，既然你选择了一个主题，就应该信心百倍地把自己的观点呈现给大家。

三、上来就是一顿道歉

做了不恰当的事，表示歉意是礼貌，是修养，但是上台讲话，开口就表示歉意，是再糟糕不过的开场白。有人一上台，就向听众表达歉意："实在抱歉啊，因为时间紧，我只能简单讲几句。"这样的开场白，你觉得是在求得谅解，是尊重大家，其实，听众却会觉得你这个人有些自私，且自以为是。他们会想：你现在就走，不讲也可以，难道大家一定要听你讲吗！

再如："很抱歉，小王今天有事没有过来，我就替他讲几句吧。"有没有搞错？应该道歉的是小王。听众坐在那里，才不关心什么小王、小李，甚至谁在上面讲都不重要，他们可是来开会的，才不关心你是谁，你要说什么。所以，你没有必要急匆匆地道歉。否则，一开口就表示歉意，等于把不好的消息带给听众，把自己的不安传递给了他们。

四、故弄玄虚，让人不知所云

在开始的时候，不要用那些古怪、陌生的词语来吓唬听众，他们的兴趣会被你那些"高深"的专业言论吓跑。例如："我们工厂生产运动鞋已有 7 年之久。鞋模是所有流程中最重要的一环。我们工厂生产所用的材质一般有 RB、RS、TPR、EVA、PU、TR、BR、TPU、PVC 等。大部分鞋模属于注塑模，也有一些例外，如 CMEVA 的制作过程是注射和冷压结合，还有部分是利用吹塑成型的……"

上面是一个比较极端的例子，如果听众不是业内人士，不会知道这些专业用语的含义，相信不出 30 秒，他们就会对你的讲话失去兴趣。

在场面上的第一句话应该怎么讲，并没有什么固定的模式，每个人需要掌握听众的心理，懂得听众需要听什么，想要听什么，然后投其所好。假如你一开始就陷入上述四大误区，那么后面即使讲得再精彩，也很难俘获人心。

场面要想亮，表情先得活

有人曾问古希腊伟大的演说家德摩斯梯尼："对于一个演讲家，最重要的才能是什么？"

德摩斯梯尼回答："表情。"

又问："其次呢？"

"表情。"

"再次呢？"

"还是表情。"

可见，在德摩斯梯尼眼中，表情在演讲中是多么重要。

人的面部表情，是人的思想感情在外貌上的体现，是人的思想感情最灵敏、最复杂、最准确、最微妙的"晴雨表"。面部表情丰富多彩，可以说是另一种深刻、直观的表达方式，甚至比语言、手势等更能使观点入木三分。有句话叫"只可意会，不可言传"，这就是在说表情的力量！法国作家、社会活动家罗曼·罗兰说："面部表情是多少世纪培养成功的语言，比嘴里讲的更复杂到千倍的语言。"

不管置身什么场面，在面对众人说话时，话讲得漂不漂亮，有没有尽到应有的礼数，表情也很关键。试想，你带着忐忑不安的心情，起身后边四处张望边讲话，表情与内容严重脱节，话说得再漂亮又有什么用呢？

高情商者当众讲话时，会通过面部各个部位的特征变化，来丰富演讲的内容，增加演讲的感染力。

一、嘴唇

在说话的时候，表情一定要和讲话内容契合。尤其在喜庆的场合，说话时，嘴角要微微上翘，展现出微笑。微笑可以说是运用比较多的表情，无论是上台还是退场，都需要向听众报以微笑，通过微笑还可以表达出喜悦、亲切、肯定、满意、赞扬的态度。

二、眼睛

眼睛是心灵的窗户，不同的眼神能展现出不同的说话效果。比如，仰视表示崇敬或傲慢，俯视表示关心或忧伤，正视表现庄重、诚恳，环视表示交流或号召，点视表示具有针对性或示意性，虚视可以消除紧张心理。在和听众互动的时候，眼神的运用十分重要。根据场合和人数，以及说话的主题，要灵活使用"眼语"，让自己的讲话更生动。关于"眼语"，之后会有一节专门阐述。

三、眉毛

双眉往上扬，表喜悦、亲切、肯定、满意、赞扬；双眉微蹙，表疑问、忧虑、悲伤。这在表达自己情感的时候，能够充分发挥出功效。比如，在讲到如何理解亲人时，双眉紧蹙，说："我们在外面打拼，为的是什么？难道就是过年的时候，拿钱给父母吗？他们长年累月的孤独，我们能看到吗？"这样就形神兼备，扣人心弦。

高情商者在说话时善于根据场面表现出各种表情，让每一句话都生动有趣，产生相当强的感染力。当然，在所有表情中，要说哪一种最重要，一定是微笑。微笑就像润滑剂，可以迅速让演讲者的亲和力得到提升，从而拉近和听众的距离。

有些人不善于运用自己的面部表情，不管内容如何转折变化，不管感情如何波澜起伏，始终是一种表情，仿佛面部表情同思想感情的变化毫无关系。这不仅会给听众一种呆滞、麻木的感觉，而且不利于思想感情的表达。

所以，表情也是说话的一部分。不管是日常交流，还是当众讲话，都不要做一个表情僵硬的人，如果不善于通过表情表现自己，那就尝试微笑吧，正如俗话说的：微笑的人运气都不会太差！

知识储备不够，怎么快速入题

每个人都希望自己能在社交中从容不迫、洒脱大度，但是在现实生活中，我们会经常遇到一些难以应付的场面，自己感到不自在，别人也不自在，结果气氛凝滞，让场面变得尴尬。

每个人都或多或少见过这样的场面：在公司聚会上或是酒桌上，被突然要求"给大家讲两句"，或给某个领导敬酒时，你想说的话被别人抢先说了，不知讲什么好。

无法从容应对这样的场面，一方面说明你不是很善于应酬，另一方面说明你的知识储备不足，这里的知识不是指书本知识，而是指人际交往方面的知识。像给领导敬酒不知怎么说，整个人显得很木讷，不是因为你是一个"差等生"，而是你不知该如何应付类似的场面，说到底还是情商的问题。

如果情商低，这方面的知识储备还不足，那么不管出席什么场合，你的表现都会很蹩脚，更别提当着众人的面讲话了。如果自己在人际交往这方面不是很在行，但又必须应付一些场合时，那么在说话的时候，你一定要学会"转移"听众的注意力。

世界著名沟通大师哈维·麦凯表示："一个人如果感觉自身的知识积累不够而不懂得怎样开场，最好的方式就是通过'转移'的办法开场，这是让演讲顺利进行下去行之有效的方法。"

有人可能不明白，什么叫"转移"？怎么"转移"？所谓"转移"，就是将自身知识积累不够的事实进行淡化或者进行"掩藏"。下面给大家推荐几种具体的操作方法。

一、从听众都知道的事情入手

讲听众都知道的事情，可以快速拉近和听众之间的心理距离，还容易形成一种有效互动的氛围。听众都知道的事情有哪些呢？当然是最近的时政、社会热点等问题。

举个例子："大家好，相信大家都知道一件事情，就是美国的总统大选最终特朗普胜利了，出乎很多人的意料，我也很意外，因为我个人还是蛮喜欢希拉里的，在座的人当中有喜欢希拉里的吗？嗯，也有不少，但这就是现实，现实总会有很多的意外出现，不管你喜不喜欢……"然后继续讲下去，转到你真正要讲的主题上。

二、从现场的"特色点"入手

什么叫"特色点"呢？就是现场让你觉得比较独特的人、物、事。比如某个人的穿着打扮、某个人的发言、现场的某个布置或装饰细节、现场或现场附近发生过的某件事等。

举个例子："大家好，刚才××先生的话讲得非常好，让我印象深刻，他讲到的观点我非常认同……"这样，就可以把当前的话题转移到自己要说的话题上。

三、从听众最关心的话题入手

从听众最关心的话题入手，是比较能调动起听众的兴趣的，进而可以使他们更加乐于倾听你讲话。那么，哪些是听众最关心的话题呢？答案非常多，比如家庭中的婚恋、夫妻关系、婆媳关系、子女教育等，再比如职场中的人际关系、升职加薪、快速成长等，还比如投资理财等。

当自己在某些方面的知识储备不足，但又不得不当众讲话时，为了稳妥起见，避免直入主题，可以先做一些预热活动，再切入相关主题。通过这种方式，先转移听众的注意力，缓冲一下自己上场后的压力，同时，也可避免自己因为太过仓促，或知识储备不足，一上台就说错话。

当众发言，眼睛要会说话

高情商者在说话的时候，眼睛是有神的，有灵气的。如果在一些特定的场合，你很慌乱，不知讲什么，你再怎么故作镇静，眼神还是会出卖你。所以，说话时的眼神很重要。

有人说，他最怕上台后被许多人盯着，浑身不自在，眼睛不知往哪里看好。有些培训课程或专家给出的建议是："目空一切"。言外之意，就是无视，假装看不见。这无异于掩耳盗铃，台下黑压压一片人，你非要说看不见，就是睁眼说瞎话了。这种方法根本没用，完全是自我蒙蔽。

当众发言的目的在于交流，你都不看大家，怎么交流？换位思考，你和别人说话的时候，对方总是不看你，你会怎么想？

如果你不敢看别人的眼睛，一对视就马上转移目光，这都是慌乱的表现。解决这个问题其实并不难。我们还是要追本溯源，回想一下，你平时和朋友讲话的时候为什么不紧张？你可能会讲，因为是一对一的沟通啊，不是一个人面对多个人。

问题的破解之道就在这里。演讲也好，会议发言也好，演示也好，主持也好，其实和我们平时讲话并没有本质的不同，唯一的不同就在于人数的差异。

你需要做的就是，将原本面向 20 个人的发言，转换成你和 20 个不同的朋友的一对一沟通。你的眼睛从盯着第一个人开始，当你讲完一段之后，移到第二个人身上，如此循环往复。当你面对一个人讲话的时候，可以完全忽略其他人。你也可以跳跃性地在人群中选择不同的人，仿佛弹钢琴一般，这就是艺术！

所以当众发言时，不管现场坐了多少人，你要做的事很简单：先随意找一个人进行眼神交流，不要闪躲，然后再找第二个……当你盯着一个人看的时候，他会下意识地不好意思，为了回应你，他会点头或者微笑，这就是肯定的回应。在整个发言过程中，你几乎与全场的听众都实现了眼神的接触，完成了肢体语言的交流，进而与听众产生了共鸣。

高情商者都会用眼睛说话，把自己真实的感情流露在眼睛里，随时运用眼睛与听众交流感情。具体来说，该如何与别人进行眼神交流呢？

一、平直向前看

平直向前看,即发言者的视线平直向前流动,统摄全场。一般来说,视线的落点应放在全场中间。在此基础上适当地变换视线,照顾到全场听众,并用弧形的视线在全场流转,不可忘掉任何一个角落的听众。

这样,可使每个听众都感到发言者在关注自己,从而引起听众的注意,也有利于发言者保持端正良好的姿态,随时注意会场的气氛和听众的情绪。

二、180 度扫视台下

180 度扫视台下,即用眼睛环视听众的方法,要求发言者的视线从会场的左、右、前、后迅速来回扫动,不断地观察全场,与全体听众保持眼光接触,增强双方的情感交流。将前视法与环视法结合起来,既可观察到听众的心理变化,还可检验发言效果,控制全场的情绪。

三、专注于局部

专注于局部即把视线集中到某一点或某一方面,要求发言者有重点地观察个别听众或会场的某一个角落,并与一些听众进行目光接触。这种目光接触可以传递自己的一些意思,既可启发、引导听众,也可以批评、制止不守纪律的听众。

四、似看非看

"似看非看"的方法也叫虚视,即光散成一片,不集中在某一点上,"视"而不"见"。这种方法可减轻发言者的心理压力,另外,还可以通过这种方式来表示思考,把听众带入想象的境界。

总的来说,眼神交流要灵活,要在不同的时间看不同的地方,以达到一种自然、放松的效果,即使你只是装出来的自然,那也比不自然好。

只有学会"用眼神说话",才能撩拨他人的心弦。

学会快速和听众建立信任

许多人都有这样一种体会:别人的信任往往比你说什么更能决定你的受欢迎程度。为什么这么说呢?大家往往会因信任你的人格而信任你讲的内容,所以,有人格魅力的高情商者,他们的观点更易于被接纳、包容。

我们都看过一些名人的演讲,他们当中,有些人讲的话其实也并非场场出彩,但是他们的名气很响、影响力很大,让听众对他们本能地产生了一种信任感。所以,他们的演讲稍微有出彩之处，就会赢得阵阵掌声。这并不是说，只要堆砌过往的成就，讲一些自己的得意之事就可以了。这种沿街吆喝、自卖自夸的手法，只会让听众觉得你是个江湖郎中，拉低了你的层次。

比如，你是一所大学的教授，应邀参加其他学校的讲座。上台之后，用这样的方式介绍了一下自己："各位同学，大家好。我是崔老师，大家可能在电视上看到过我，我呢，曾接受过多家电视台的采访，也主持过一些电视栏目。今天来到这里，也是希望把我的一些心得分享给大家，教大家如何做即兴演讲。"

许多人在做自我介绍的时候喜欢变向拔高自己，以为这样可以迅速获得大家的认可，其实不然。就算听众把你当个人物了，但你过分抬高自己，还是会带来一个坏处：拔高大家对你的预期，增加自己的演讲难度。无论如何，高情商的人是不会按这个套路出牌的。

太高调了，一定有损形象。要快速建立起人们对你的信任，除了要摆正位置，一开始就要注意如下三个方面：

一、发挥"名片效应"和"自己人效应"

什么是名片效应？就是先申述一种与听众相同的观点，然后再说出自己想说的观点，这就很容易被听众接受。"自己人效应"则比"名片效应"更进一层，即你与听众不仅在观点上一致，而且有某种意义上的相似性，如性别、年龄、籍贯、职业、地位、经历、兴趣等，这些都会使听众产生信任感、亲近感，视演讲者为"自己人"。有了这些，还怕听众不信任你吗？

二、不要把听众的胃口吊得太高

当听众对你抱有较高期待的时候，一定要冷静，加之主持人偶尔在边上"煽风点火"，大肆吹捧，这个时候，千万不要头脑发热，觉得自己有多了不起。聪明的做法是，要赶快调低听众的预期。

还以前面的崔老师为例。当主持人介绍完崔老师后，崔老师在开讲前，可以这么说："刚才主持人讲的都是客气话，太高抬我了。那我今天呢，不是来给大家上课的，毕竟谁都会说话。只是我的经历比较多，知道怎么应付一些场面。所以，我想和大家聊聊自己过往的一些经历，以及我的一些经验，希望能给大家带来一点帮助。"

当然，谦虚也不能过度，让人觉得此人也没什么了不起。调低听众预期后，下一步就是表现自己的专业或特长。

三、要轻描淡写地描述自己的专业优势

高情商者在建立与听众之间的信任关系时，常使用的一招就是：关键时刻露一手。比如，一个人擅长烹饪技术，

他和人家说自己不会做饭，人家未必相信，如果他在家里请客时，亲自下厨烧几道拿手菜，并说："哎呀，不好意思，好久不下厨房，菜烧得不好，请大家慢用。"这时，大家会怎么想？一定会想：哇，这家伙真会做饭，可不是一般的手艺啊。

而将这种心理运用于社会交往中，就要将自己最拿得出手的资历，以一种非常平淡的口气，漫不经心地讲出来。再以崔老师为例来说明这一点，崔老师可以在演讲中这样说："各位同学，你们知道，在美国许多商业大腕儿都没有完成大学学业，这对他们来说，是一件非常普通的事情。有一次我和比尔·盖茨私聊的时候，他说自己之所以没有完成大学学业，是因为他对计算机太过着迷……"

这段话主要讲学习与成功的关系，但在听众的脑海里，一直回荡的却是：哇，崔老师好牛啊，都能和比尔·盖茨私聊到一块儿了。

这是一种间接展示自己的方法，为的是不引起听众的反感，同时，也能降低大家的期待。正因为是间接，所以运用时一定要把握好分寸，否则，谦虚就变成了没有底气，或者干脆被听众忽略了。

不管你说什么，听众信任你，才会对你产生一种亲近感，才会自动解除自己的精神防线，才会把你视为"自己人"。所以，迅速赢得别人的信任，是说话的第一要义。

太玻璃心，还怎么好好说话

不知道从什么时候起，"玻璃心"被打上矫情、负能量的烙印，很多人一提到玻璃心，脸上立马就浮现出一副吃了三斤苍蝇样的表情。为什么"玻璃心"如此让人难以忍受？情商是硬伤。下面这个例子完美地诠释了这个问题。

有一位年轻人，有一次去参加一个活动。晚上，大家在一个烧烤摊上撸串。边吃边聊时，有一个人好心对他说："我正好开了车，一会儿顺路带你回去。"就因为这一句话，他不干了："就你有车啊，有车就牛啊，不就搞个小聚会，你开车来显摆，有意思吗？"

对方感到很委屈，看他气势汹汹的样子，也不想再和他纠缠。

在上面的案例中，年轻人的表现让人感到意外。他对身边的事物比较敏感，尤其是看到别人的长处时，会心生一种自卑感，这会让他曲解别人的好意。这样的人在人际交往中，心态往往很脆弱，言语行为偶尔也会变得"过激"。

对于别人优胜于自己的地方，觉得有猫腻，是运气，心理的天平失衡，而这背后暴露的不就是自己的短板、自己的缺憾、自己的匮乏吗？

有一个年轻人，一年至少跳五次槽，其中至少有四次是被辞退的，但是她从来不从自己身上找原因。每到一个新公司，刚与新同事混熟，就开始责骂以前的同事如何对不住她，以前的领导如何难为她。人们都对她敬而远之。平时，她看不惯同事背漂亮的包包，开中高档的汽车，甚至老板表扬某个员工，她都愤愤不平。总之，她看不到周边美好的事物，也看不得别人比自己过得更好。

可惜，她认识不到自身的问题，把自己在职场遭遇的种种不如意归咎于自己太真诚、太善良。殊不知，怪就怪自己的情商太低——你把玻璃心都画在脸上了，谁还愿意与你这样的朋友相处？

大多数人多少都会有点玻璃心，但是太玻璃心的人，不仅自己会累，还会让身边的人感觉到累。朋友新买的车，拍照发到了朋友圈，你觉得他在炫富；同事找到了女朋友，想跟你分享好消息，你觉得他是在秀恩爱；朋友和别人去旅游，你觉得是抛弃了你……其实只有一种解释，是因为你什么都没有，所以才觉得不管别人做什么，都会触碰到你那颗易碎的玻璃心。

不管在什么场面，做人都不要太玻璃心，不要别人一条信息没回就觉得自己做错了什么，不要别人一生气就觉得是讨厌你了，不要什么事都自己对号入座，怕这个怕那个。活得小心翼翼，你不累吗？

交朋友也不要交太玻璃心的。因为朋友太玻璃心，所以他永远都觉得是你给他脸色，说话刺激他，让他委屈。

很多人际关系，破裂的原因大概都是太过玻璃心，不管是亲情、友情、爱情都是如此。太过玻璃心，别人的一次忽略、一次恼怒之下的抱怨、一次没有尊重你的意愿，都成了玻璃心受伤的导火索。所以说，太过玻璃心的人最后伤害的不仅仅是自己，更多的是自己最亲最近的人。

嘴上安个哨兵，只放行好听的话

人们在交往和沟通中，别人有时说了一句非常随意的话，却引起了听话人很大的心理反应，也就是说话人讲话时心里比较平静，但传出的信息被对方接收后却引起了对方心理的失衡，从而导致其态度行为的变化。这种"说者无意，听者有心"的现象，正像大自然中的瀑布一样，上面平平静静，下面却浪花飞溅。

正因为如此，别人可能在不经意间得罪你，你也有可能在不经意间得罪别人。生活中这样的例子有很多，例如，周围的同事穿了件新衣服，别人都称赞"漂亮""好看"之类的话，唯独有人说："你太胖了，这件衣服并不适合你。"这话一出口，说的人觉得仅仅是发表个人看法，但是往往会使当事人很生气，而且周围大赞衣服非常漂亮、合适的人也会很尴尬。简简单单的一句话，引起了所有人内心的不满，最终，这个不注意说话尺度的人，越来越不受欢迎。

"瀑布心理效应"的确能给人们带来很大的警醒，还有一种严重的情况是，如果一个人思想松懈，说话随便，说了不该说的话，有意或无意地造成公司机密的外泄，那么，轻则会使上司的工作处于被动，带来不必要的摩擦，重则会给公司造成极大的损失，造成不可挽回的后果。

只要人多的场合，就会有闲言碎语，说话一不小心就会成为惹祸的源头。尤其在职场，不要在同事面前评论领导，并不是说领导没有错，只是他的错误不能由你来批评。除此之外，还要特别注意的是和领导之间的对话，和领导说话，一定要非常谨慎，领导不会去分析你的本意是好是坏，他会从你的语言中捕捉你的内心想法。

杨云年轻干练，进入企业不到两年就成为主力干将，是部门里最有希望晋升的员工。领导方经理也非常看重他。

有一天，方经理把杨云叫了过去，说道："杨云，你来公司也快两年了，这两年里我也带你做了不少的项目推广，现在公司开展一个新项目，就在河北，我没有时间安排了，这样，就全权交给你负责吧！"

听到领导的安排，杨云欢欣鼓舞，公司的位置在北京，他决定好好组织一次，带大家一起去河北做项目推广。经过周密的考虑，杨云考虑到一行好几个人，坐公交车不方便，人也受累，会影响同事们的精神状态；打车一辆坐不下，两辆费用又太高，还是包一辆车好，经济又实惠。

但杨云没有直接去办理。职场的经验和敏锐的观察力让他懂得，遇事向上级汇报是绝对必要的。于是，杨云来到经理办公室，向方经理汇报自己的安排，他说："方经理，您看，我们今天要出去，这是我做的工作计划。"杨云把几种方案的利弊分析了一番，方经理频频点头，表示同意，接着，杨云说："我决定包一辆车去！"

说完，杨云发现，方经理的表情在瞬间发生了变化，他突然开始很严肃地说："包车的费用还是比较高的，我看你们还是买票坐长途车去吧！"杨云愣住了，他万万没想到，一个如此合情合理的建议竟然被方经理拒绝了。

杨云大惑不解，因为方经理从来没有在这样的小事上和员工计较过，况且对于推广这样重大的事情来说，区区包车费更是九牛一毛，思前想后，杨云终于知道问题出在哪里了，就在"我决定包一辆车去"这句自作主张的话上。

在领导面前，说"我决定"是最令领导反感的。领导才是最高决策者，无论事情的大小都有必要听取他的建议，即使有的事情只是一些零星的小事。通过这件事，杨云又成长了一步。

后来在工作中，他请示方经理的时候，更加谦虚谨慎，当方经理问他意见时，他也会很谦虚地说："这个问题，我有个不完善的意见，是……您看可以吗？"

两个月后，方经理很放心地交给杨云一个部门，因为他相信这个年轻人谨慎细心，可以独当一面了！

不论身在什么场合，不可能不说话。一个冷漠的、沉默寡言的人虽让人感觉枯燥无趣，一个口无遮拦的人更让人感到害怕。话不能不说，但说话时一定要给自己的嘴上安个"哨兵"。尤其当身边有人想怂恿你或想引诱你谈论某些话题或某人某事时，一定要小心，这是一种常见的给人下套的方式。好多人心直口快，别人一提，自己就顺着来了，结果发现中招了，说出的话却如泼出去的水，想收也收不回来了。

第四章

做专注的听众，
无声中修炼高情商

每个人都想强调自己说话的权利，却根本不在乎自己听的义务。其实，说话是有来有往的，要想更好地传达自己的观点，就要好好考虑对方在说什么、想什么。

"会听"是高情商的标签

人都愿意以自我为中心，倾诉自己想表达的内容，如果你想得到别人的好感，那么不妨学会倾听他人诉说。试想一下，如果对方说他喜欢狗，你却说你喜欢猫，觉得狗不好太脏了，那你们还能愉快地聊天吗？别人找你倾诉，说她失恋了很难过，你却说你刚丢了很多钱，心里也不好受。她可能会想：请问我是来和你比惨的吗？

如果你觉得自己的情商不算高，身边的朋友很少，没有人愿意和你说心里话，那不妨就先从"学会倾听"开始，来提升自己的情商——情商高的人不但会说话，还会"听话"，他们能从别人的话语中听到一些他人心底的声音。

美国前总统克林顿，是一位非常有名的演说家，同时，他也是一位倾听高手。据说，有一次在他演讲的过程中，有一位女士开始提问。所有人都不喜欢这位女士的提问，甚至嘲笑这位女士，因为她英语讲得磕磕巴巴。大家都没听懂她的意思，只有克林顿依然身体微微前倾，专注而投入地倾听和分析这位女士说的话。

后来，主持人不得不中止这位女士的提问，他们请克林顿接着和大家分享其他内容。可是，克林顿说完一些问题之后，主动提出，他要解答这位女士的提问。他居然在很短的时间内，靠自己的理解，在脑海中重组了这位女士的话语，整理出了她的问题，而且在他看来这是一个很棒、很重要的问题。

无独有偶，美国著名的成功学大师卡耐基也有过这样的一段经历。他去参加一个纽约出版商组织的宴会，在宴会上，碰到了一位很著名的自然科学家。此前，卡耐基从未和这位科学家谈过话，但是这一次，他和这位自然科学家聊了很久。确切地说，是卡耐基听他讲了很久的话。在宴会结束的时候，那位科学家语气坚定地对主人说："卡耐基先生真是一位出色的演说家，他是我见过的最有魅力的演说家。"

而卡耐基也在和他的聊天中，听到了一些自己以前从未听过的、令人难以置信的信息。他分析说，在和别人交流的时候，每个人都很关心自己，这是人的本性，人们都爱讲自己的故事。既然人人都是这样，那么大部分的人就容易独自滔滔不绝，完全不顾对方的感受。如果你想要成为一个受欢迎的人，那么就要学会倾听，要鼓励别人多谈自己。当别人要告诉你一些东西的时候，你要认真地倾听。这样，他会认为你是一个很特别的人。

所以说，会听是高情商者的标签。在现实生活中，我们该如何成为一位倾听高手呢？

一、保持眼神接触

不管在何种人际交往场合，我们都要注意倾听别人的想法，不要只顾自己意见的表达，更多时候，作为倾听者，别人说话时要适时地看对方的眼睛，用眼神交流，这样别人会更愿意跟你聊天。

二、要谨慎插嘴

随意打断别人，是非常不礼貌的，很多人都忌讳这一点。高情商者在听别人讲话时，即使他不同意对方的观点，或者对方说错了什么，他仍然会表示最基本的尊重，等到对方表达完了，才会说出自己的想法和立场。

三、偶尔的回应

懂得倾听不是要你一味沉默，只是在对方想说的时候给其机会，等对方说完了，你同意或者不同意对方的观点，都要有一个回应，而且千万不要用"嗯""嗯嗯""哦哦"这种语气词来接话，这样会显得非常敷衍。有回应是保证沟通进行下去的重要条件。

四、态度要真诚

聊天要表现出自己的真诚，千万不要满嘴跑火车，或者夸夸其谈，否则会让别人对你整个人有不好的认识。态度真诚，让对方感受到你的诚意和用心，交流就会更顺畅。

五、虚心地请教

要敢于做一个承认自己"听不懂"的人。听不懂，没关系，把那些不懂的地方记下来去查去问就行了。敢于虚心说"我不会"的人，往往能得到更多帮助，敢于承认自己"听不懂"的人，一定比装着听懂的人，更能给别人留下谦虚、低调的印象。

在与他人对话时，倾听是一种礼貌，是对讲话者的尊敬，也是一种高情商的体现。正如古希腊的一句民谚所说："聪明的人，借助经验说话；更聪明的人，根据经验不说话。"

会说话，更要会闭嘴

只要你细心观察，就会发现一个现象：现实生活中，那些相亲失败、求职被拒的人都有一个通病，就是一直说个不停，像话痨，而且几乎每一句都以"我"开头，比如"我做过什么工作""我买了房子""我买了车"……

但凡这样的人，即使优秀，也多半不会赢得别人的好感，因为每个人听到这样的话，内心都想怼一句：什么我我我，你以为你是谁啊?!

爱高谈阔论的人，一般都是为了证明自己懂很多，他们的潜台词是"你们闪开，我说的要亮瞎你们的眼"。所以，一旦开口就停不下来，而且将所有注意力都放在自己身上。

那些大家都渴望听他们说话的人，那些高情商的演说家，不会只为表现自己的优秀而喋喋不休，他们始终会表达一种很高级的语境——我和你有关，我说的都与你们有关，我希望我说的对你们有意义。

低情商的人为了刷存在感，总是要不停地说话。即使很会说话，讲上两个小时，也会令人生厌。适度沉默，才是好的表达。因为，沉默才有空间，才有更充沛的情感流动。

所以，谈话中最重要的事情不是说，而是该说话的时候说清楚，该闭嘴的时候管住嘴。怎么理解这句话呢？可以从三个方面来理解。

一、就事论事，有一说一

会说话的人，有一个共同的特点：不喜欢说大话。

不说大话，不是说一定要说大实话，而是根据交际的环境来改变自己的语言。比如，想完成一件工作，该怎么和老板表述？

低情商的人会这么说："老板，你就放心吧，我一定很漂亮地完成这个任务！"

高情商的人则会这么说："给我三天时间，我一定会完成任务。"

不难看出，低情商的人喜欢说漂亮话，并对老板做出鼓励性承诺。而高情商的人会就事论事，有一说一，把工作讲清楚，并对老板的信任报以回复。

在实际生活中，高情商的人很少说空话、漂亮话，也不会刻意引用一些经典的句子来渲染说话效果，他们会比较务实。

二、懂得闭嘴，善于思考

高情商的人说话分场合，不该说的时候，他们会果断闭嘴。这既是一种态度，也是一种自我反省。

与朋友相处，如果对方提出了一个他认为很尖锐的问题，他会适时闭嘴，不会去争辩，因为他看重友情的价值。

与同事相处，如果对方的言语中出现了并不友好的潜台词，他会闭嘴，因为他明白工作就是工作，同事只是合作伙伴而已。

与亲人相处，当双方无法就某一问题继续沟通下去时，他会闭嘴，因为他不想因此破坏彼此的心情。

如果说沉默是一种思考、一种妥协，那么闭嘴就是一种力量。高情商者既能控制自己交流的节奏，又能够看透对话的结果。

三、推开门窗，打开心灵

如果我们身边全是高情商的人，我们的情绪会更加稳定，心情会保持舒畅，交流会很和谐有效率。但事实上，身边的很多人，甚至包括我们自己，都是情商较低的人。比如，我们的好朋友不会说话，时常说一些刺激我们的话，而他们还认为是我们"想得太多"；我们的家人总是滔滔不绝地讲那些无法解决问题却只会刺激人的话……对于这些我们没有办法，也没有必要去改变别人，在许多事情上，我们只能管住自己，然后学会适应。如果命运为我们推开了一扇门，那么打开心灵的任务，就让我们自己来做吧！

《论语·卫灵公》说："可与言而不与之言，失人；不可与言而与之言，失言。知者不失人，亦不失言。"行走于社会，与人相处，讲话是一门学问，该讲的话却没讲，容易失去朋友；不该讲的话却说了，则容易犯错！所以，学会闭嘴，是一种交流技巧，也是一种修养。

先听再说，好话不怕晚

很多人在遇到问题时，都急于阐明自己的观点，结果适得其反。一个人如果没有听别人把话说完，不了解对方的全部观点，就很容易断章取义，甚至完全误解对方的意思。比如有位领导让秘书做会议记录，结果90分钟的会议，秘书只写了一百来字，领导不解："为什么字数这么少？"秘书说："我只能理解这么多。"她觉得，应该站在她的角度去理解、解释这个会议。

不少情侣在分手后，回想过往才发现，其实自己根本没有理解对方的真实意思。有多少误解、误会，都是源于听懂的太少。人有两只耳朵，却只有一张嘴，所以人应该先听再说。

可以说，几乎所有的人际交往技巧都和聆听能力息息相关，甚至从某种程度上讲，一个人是否成熟，就取决于他是否会聆听。

王玲是一个刚毕业的名校大学生，在一家大企业的售后部门任职，由于她处理不好顾客的投诉，很多顾客把脾气发在她的身上。经理对她很不满意，多次暗示要让她走人。

有一次，一位顾客打来投诉电话，态度极不友好："你们真是一个无良公司，我才买的手机一个月就报废了，如果不立马给我退款，我就到消协去告你们。"

王玲拼命地解释，她对公司的产品很了解，嘴上不停道歉，态度很卑微。但对方不为所动，火气越来越旺。最后对方说了一大通骂人的脏话和诅咒后，挂断了电话。王玲很委屈，眼泪都要流出来了。

有一名老业务员很同情她，给了她一些安慰，并告诉她，下次遇到这样态度恶劣的顾客，可以说："看起来你非常生气，因为你在我们公司才买的手机，不到一个月就出问题了。这给你带来了很大的困扰，所以你对我们公司有很大意见，需要我们退款，是吗？"

之后，王玲有意识地调整自己的工作思路，遇到顾客投诉时，她会先用自己的话，把对方的意思复述一遍，让对方觉得自己被理解，这样，就极大地平复了对方激动的情绪，最终很容易与对方达成共识。

经过一段时间的锻炼，王玲逐渐进入了角色，业绩越来越好，也得到了经理的信任。

在这个案例中，起初王玲的错误在于，只听到了对方说的内容，却忽略了对方的情感，因此她总是急于解释。

这种解释，无异于火上浇油，增加对方的不满。人们似乎都有太多的话要说，却无人倾听。越是不思考的人，就越不愿倾听别人说话。很多人总把自己人际交往失败归咎于"嘴笨"，似乎伶牙俐齿就能在人群中脱颖而出。但实际上，假如你不会聆听，你一定是不会说话的。在"倾听"这门功课上，太多人没有及格。

如何有效倾听别人说话呢？要把握好以下三个关键点：首先，放下安慰和建议。在沟通过程中，我们需要把谈话的焦点放在对方身上，而不是自己身上。避免使用诸如"这不是你的错……"等安慰类语句和"我想你应该……"等建议类语句。

其次，体会他人的感受和需要。沟通过程中，尽量使用诸如"你很……是因为你需要 / 希望……"等体会他人的感受及需要的话语。

最后，给他人积极的反馈。沟通过程中使用疑问句来给予他人积极的反馈，如："你很伤心，你需要得到肯定，是吗？"

所以，不是只有会说话，才算高情商。一个令人舒服、放松、愉悦的倾听者，远比一个夸夸其谈貌似占据上风的演说家收获更多的真情和真意。

打鼓要听声，听话要听音

平日里我们看电视时常会听到解说旁白，如果没有旁白，想要读懂人物内心活动比较困难。有些东西就像电影的留白，没讲出来不代表不重要，这就是"弦外之音"。"弦外之音"这个词出自《狱中与诸甥侄书》（南朝·宋·范晔）："弦外之意，虚响之音，不知所从而来。"原指音乐的余音，比喻言外之意，即在话里间接透露，而不是明说出来的意思。

有人会说，有话直说多好，干吗那么累啊？没错，在亲人和好朋友之间，有时的确没必要。但是，如果在职场与领导、同事、客户沟通，听懂弦外之音就很有必要了。

有的人为什么能力平平，却深得领导的喜欢？就是因为他们能读懂别人说话的心理。虽然领导说话比较委婉，但他们还是能知道领导说话的真实意图，如需要什么材料、要完成什么任务、达到什么目标。如此心领神会，领导岂能不喜欢？即使是拍马屁，也要知道领导需要什么样的"马屁"，才能"拍"出高水平，才能"拍"出效果。这就是悟性，就是情商。

小张毕业后进入了一家广告公司，创意总监要求他提交一份设计方案。第二天，小张提交了一份自己认为很满意的方案，总监看了之后，沉默了一会儿，先是脸色一沉，接着微笑着说："这还挺有意思的。"然后就走开了。

　　小张自以为作品得到了总监的认可，于是加班加点地完善方案。但让小张没想到的是，在一周后的会议上，他的方案并没有被公司采纳。他很纳闷，便去请教同事老李。

　　老李笑着说："你呀，还要多学习啊！总监就差没把你的方案扔进垃圾桶了，没直说是怕伤害你的积极性。你没发现总监看到方案后脸都绿了吗？如果他认可你的方案，会让你给出完成时间，而不是说'还挺有意思的'。"

　　小张恍然大悟，他回想起来自己当时只顾着看自己的作品，而忽视了总监的反应，只听到一句"还挺有意思的"就自以为是，实在是没有用心领会总监真正的意思。小张入职后的第一课可算学到了。

　　在工作中，你听不懂上司的话外音，就会走很多弯路。有"艺术天才"之称的纪伯伦曾说："如果你想了解一个人，不是去听他说出的话，而是去听他没有说出的话。"很多时候，下属不仅要听懂上司的"弦外之音"，还需要借助"弦外之音"让上司明白自己的心意。

　　比如，你询问领导周末是否可以休息一下，领导说项目做好就可以休息了，这就是说要加班了；又如，在酒桌上领导表扬你善于交际，酒量不错，这句话就等同于告诉你要多喝一点酒，让客户喝得满意、开心；如果领导说你的方案需要再考虑考虑，那你就别考虑了，而是应该赶快换一套方案；如果领导突然过问你的私事，例如说看你最近工作状态不太好，是家里有什么事吗，很可能就是在提醒你最近的工作态度需要注意。

在职场上，上司和下属的关系是比较微妙的，既不能太近，又不能太远，所以，下属要体贴上司的难处，尽量把上司不方便直说的话听懂。

要听懂上司的弦外之音，有这么几个诀窍：

首先，你需要知道谈话的场景、氛围是怎么样的，是气氛严肃的老板办公室，还是公司附近气氛较轻松的咖啡馆，抑或是气氛欢快的 KTV。

其次，要留意对方说话的语气、声调、神情，对方是明确地表达一个意思，还是话没说完，需要你自己补全，抑或说的是反话。

最后，不要急着做出回应，你应该仔细地体会，真正理解对方说话的意图，从而做出正确的判断和回应。

工作中，能听懂"弦外之音"是高情商的一种表现，如若听不懂领导话里隐藏的含义，就很容易造成误解。

在生活中也是一样，夫妻过日子，如果凡事都需要对方主动说出来，那感情就变味了。比如丈夫工作一天，回到家很疲惫，他很希望妻子说句安慰的话，如"真辛苦""好好休息一下吧"。但是，妻子无动于衷，甚至发牢骚："一回来就有气无力，哪像个男人？"如此，丈夫能感受到家庭的温暖吗？当然不能。时间久了，就会影响双方的感情。

听不懂话外音，只能给双方本就有的隔阂再加开一道鸿沟，很容易让对方慢慢忽略你的存在。说话人的用意传达不出去，听话人的理解就会谬以千里。听话听音，就是要求人们都能站在对方的角度考虑问题，并能体会对方不方便明说的原委。真正要懂的是他们发自内心的真实感受。

小心你的预设立场

什么是预设立场？简单来说，就是在和别人对话时，你已经秉持了某种好恶、观点、立场，并且在对话中会不经意地表露出相应的态度。

"预设"是逻辑语义学的一个重要概念，又称为前提、先设或前设，指的是说话者在说出某个话语或句子时所做的假设，即说话者为保证句子或语段的合适性而必须满足的前提。

"立场"，有两个含义：一是指认识和处理问题时所处的地位和所抱的态度，也就是对问题所持的观点、态度；

二是特指阶级立场。

可以说，在与他人沟通时，预设立场往往都是消极的。预设立场的人一般很难听进别人的真实看法和意见，它是一种先入之见，可能是有意识的，也可能是无意识的。在一次沟通中，一旦我们预设了自己的某种立场，就会无意识地表现在言行举止当中。像我们平时所说的"有罪推定"，其实就是预设立场的结果。

比如，你比较讨厌某个人，觉得他什么都不好，人长得丑，做事张扬，说话还较真。一提到这个人，你的头脑中就会闪现出这种形象。那么你在与这个人沟通时，如果不摒弃自己的这种看法，而去继续观察、发现他的缺点，在言语中就难免会流露对他的反感之情。

许多低情商者其实就是这样的一种人。最常见的就是"地域黑"，他看某个人不顺眼，正巧这个人是来自某地，于是，他把问题扩大，总是戴着有色眼镜来看待来自这一地区的人。

高情商的人很少会预设立场，他们不是没有原则，而是在保持原则底线的基础上，不会做太多的预先认定，有时预先的设定、预先的推断，反而会成为一种自我困扰，容易自我设限。不自我设限，才能看到真知，听到真话。

一次，小涛在一家百货公司买了一套比较贵的衣服，回家后发现这套衣服褪色严重，把衬衫的领子都染黑了。

他非常恼火，便拿着衣服到店里要求退款，他找到当时接待他的那名店员，本想说明事情的经过，但被频繁打断。

更让他难以接受的是，这个店员还大声地说："这款衣服每天都卖出去好几百套，这还是头一次看到有人回来退款。"这话怎么听，都像是带着刺，让人很不舒服。

旁边的一名店员听到后，也跑过来帮腔说："黑色料子的衣服本来就是会褪色的啊，这种价位的衣服都是这样。"

两个店员一唱一和，不但不给解决问题，话里话外还质疑他的诚信，讥讽他买不起更好的衣服。小涛也没了好脾气，正想怎么怼回去的时候，一位女经理赶来了，她只用了三个步骤，就把这个僵局给解开了。

首先，经理先让小涛将事情从头到尾说一遍，小涛说得很详细，其间，经理没有插过一句话。听小涛讲完事情的经过后，经理便向他道歉，说没想到这套衣服会这么差劲，说不能满足顾客需求的产品就不应该卖出去。

接下来，经理提出了解决方案：小涛想怎么处理都行，百货公司都不会提出异议。

听经理这么一说，小涛心里的气也渐渐消了。他觉得经理是个情商高又有诚意的人，便问经理有什么办法可以让衣服不褪色。经理认认真真地讲了一些实用的技巧。

在这个案例中，两位店员明显预设了立场：这名顾客是不诚信的，是来找麻烦的，既然你是来找麻烦的，我就不让你得逞。带着这种想法，他们肯定不会帮顾客解决问题。经理就不同了，她先了解了事情的经过，站在顾客的立场去聆听，而不是妄下结论。结果，事情得到了圆满的解决。

而许多人之所以不能给人留下好的印象，多数是因为他们预设了立场：对方观点与我的不同，或他的态度我不喜欢，那么我为什么还要听？他们只在乎自己说什么，或让别人听自己的。

别全靠嘴，小心身体"出卖"你

毫不夸张地说，在"倾听"这门功课上，许多人不及格。如果谈话的人没有我们的学识高，我们就会虚与委蛇地听；如果谈话的内容冗长烦琐，我们就会不客气地打断对方；如果谈话的人言不及义，我们会明显地露出厌倦的神色；如果谈话的人缺少真知灼见，我们会讽刺挖苦，令他难堪，凡此种种。

不信，你可以做个实验：

你找一个好朋友，对他说："我现在和你讲我的心里话，你最好不要认真听。你可以东张西望、心不在焉，你可以听音乐、梳头发，做一切你能想到的事，你也可以顾左右而言他……总之，你什么都可以做，就是不要认真听我说。"

当朋友决定配合你以后，这个游戏就可以开始了。你可以讲一件让你刻骨铭心的事，饱含的感情越多越好，切不可潦草敷衍。

结果会怎样？

可以肯定，你说不了多长时间，最多三分钟，就会鸣金收兵，无论如何也说不下去了。面对着一个对你的疾苦、忧愁无动于衷的家伙，你再无兴趣敞开襟怀。你不但缄口了，而且还会感到沮丧和愤怒。你觉得这个朋友愧对你的信任，太不够朋友，你以后再也不想和他亲近了。

的确，不认真听别人讲话，就会产生这样严重的后果！

凭什么判断说别人不认真呢？因为他的身体语言。有时，他嘴巴告诉你："嗯，说得不错，继续。"但身体已经出卖了他——此人言不由衷。

有一个人去饭店吃饭，吃完之后，发现自己忘了带钱，于是对老板说："今天我出门忘了带钱，改日送来。"老板说："不碍事，不碍事……"并恭敬地把这个人送到门口。这一幕恰巧被一个游手好闲的无赖看在眼里。

第二天，这个无赖走进饭店，要了几样酒菜，在酒足饭饱之后，也装模作样地摸摸口袋，对老板说："今天出门忘了带钱，改日送来。"谁知老板两眼一闭，说什么也不肯让无赖离去。

无赖质问老板："为什么昨日那人可以赊账，而我却不行？"

老板回答："昨日那人吃饭斯斯文文，看他的言行举止就是个有身份的人，他又怎么会因为这些吃饭的小钱来跟我耍赖呢！而你，筷子在身上乱蹭，吃起饭来狼吞虎咽。边吃还边把一只脚放在了旁边的椅子上。喝酒时的动作更是夸张，脖子上青筋暴出。看你这德性就知道，你就是故意来混饭吃的。我今天让你走了，你什么时候才会送钱来？"

这个无赖被老板说得哑口无言，最后只得把衣物留下做抵押，狼狈离开。

从这个案例我们可以看出：身体语言蕴含着丰富的信息，在与别人沟通时，一定不要让肢体语言"背叛"了你。你可以想象这样一幅画面：你嘴上和别人说"我们各让一步，算是双方都妥协吧"，却双手抱于胸前，一副防卫的姿态，那么别人会认为，你难以接近，你不愿妥协。

所以，在听话过程中，你要会用一些肢体动作，告诉对方你的意思。高情商的人会领会你的用意，相应地做一些调整，使谈话更加顺畅。

当然，在听别人说话时，要想恰如其分地给出反馈，让对方理解你的意图，一定要了解各部位肢体动作的具体含义。

听话时手部放松，手掌张开，或将手摊放在桌子上，小心地清除桌子上的障碍物，这说明你对谈话人态度随和，并与谈话者能很好地相处。

听话时若盯住一个东西不放，说明听话人心里有不顺意的事，或比较消极。

听话时不停地打开抽屉又关上，好像在找东西，这说明听话人对说话人的态度不够重视，还有不耐烦的意思。

听话者在身体前面紧握双拳，两拳放在大腿上，说明他很自信，对话题中的事情有足够的把握。这类人做事比较有魄力。

交谈时，听话人不断地把玩桌上的东西，或将它重新放置。这说明听话人对说话人的态度不诚恳。

听话人用手摸后颈时，往往是内心很烦闷又无处发泄，或非常为难的样子。

当听话人两只脚踝相互交叠时，他可能是在克制自己的情绪。一个人紧张、焦虑时，往往会这样做，此时他们最需要理解和帮助。

如果听话人在谈话时并拢双腿，说明他在对方面前处于劣势，或自己一时遇到了困难的事情。此时说话人最好询问一下，必要时可以帮助对方。

在人多的谈话场合中，架着双腿显得大气者往往是其中的领导。

当听话人要结束话题离开时又突然来了兴趣大说起来，这说明听话人与说话人的感情进一步加深了，也说明听话人态度认真，思维活跃。

听话人在听人说话时来回走动，不愿固定在一个位置，说明他思维灵活，思考问题见解独特，办事比较老练。

听话人如果稳坐在一处不动，从谈话开始到结束都比较稳重，这说明他的态度比较认真，会对说话人的话认真思考，责任心比较强。

听话人当着说话人的面用手挖耳朵、鼻孔或剪指甲、照镜子、梳头等，说明他太轻浮，做事不认真，没有责任感，又不谙礼节。

听话人将两手搂在头后，在座位上大仰八叉，说明其实他已经很疲惫了，想休息一下。

听话时，听话人不断地吃桌案上的食品，说明听话人对说话人比较信任，无防范意识。

听话人双臂交叉，斜着眼睛看说话人，说明听话人对说话内容不屑一顾，不以为然。

听人谈话时，不断地看手表，说明此人心中有事，或对谈话不感兴趣。

在与别人沟通的过程中，我们不经意表现出来的表情、肢体动作等，其实都是无声的语言，都在向对方传递某种信号，表达某种观点。尤其在倾听别人说话时，一定要让自己的肢体语言与口头语言相一致，不能嘴上说"是"，头却摇得像个拨浪鼓。相对于嘴巴，下意识的身体动作很少会有欺骗性。所以，高情商者在与他人沟通时，更注重观察、解读对方的身体语言，以此了解他人的心理状态。

第五章

高情商地提问，
说出的话要有深度

提问如同抽血，只有扎对了地方，才能抽得出血，扎不对地方就只能刺得人生疼。只有把问题问到点子上，你才能得到你想要的答案。

情商决定你的提问力

在网络上，我们经常会注意到这样一个现象：有人在某大 V 的微博上提问，不但会得到大 V 耐心的回答，而且还能得到许多人的围观和点赞；而有些人也问了不少问题，结果石沉大海，没准大 V 都懒得点开看一眼。

的确，提问本身也能反映出一个人的境界与能力。低能的人，很少会提出有价值的问题。而有些问题，不用看答案，只看问题，就觉得足够精彩了。

在现实生活中，人与人之间的对话，基本都是由提问和回答组成的。你仔细想想会发现，那些没有提问的对话非常少。

在恋爱中，有的男生不是不会提问题，而是特别不会问问题，不问还好，一问就把话题聊死了。

小黄经人介绍认识了梅梅，经过几次交往，梅梅觉得小黄人不错，就是不太会说话，虽然彼此有一点好感，但也谈不上有感情。每次，小黄约梅梅出来见面时，都会问："明天有空吗？"

梅梅会说："哦，明天我加班，不一定有时间啊。"

小黄说："为什么老是加班啊？"

梅梅说："嗯，最近是比较忙，但也不好请假啊。"

如此，小黄很快就把话题给聊死了。

如果小黄能换一种问话方式，说："最近刚好有两部电影上映都很好看，一部是金马奖获奖影片，另一部是有超多明星的超级喜剧，你想看哪个，明天一起去啊？"这时候，约会成功的概率就会大很多。

什么是不会聊天的人？简单来说，就是那种说一句话就能把天聊死，问一个问题就能让你无言以对的人。

比如在公司，你问一个单身女同事："你还不打算结婚吗？"问这个问题可能你是出于好意的关心，也可能只是无心的闲聊，但别人听了可能不但不想回答，还想骂你。为什么？因为你的问题里传递了这样一层意思：结婚比不结婚好，并且你已经老大不小了，还不考虑结婚，让人觉得好怪啊。

也许你会说："我没有这个意思啊，是她想多了吧。"其实不是，是你的问题本身就引导别人朝这个方向思考。如果你的情商再高一些，应该这样提问："你有结婚的打算吗？"这样，别人会不会觉得更舒服些？

两个问题的差别在哪里？一个带有否定的字眼"不"，而且用"还"强化了一下，另一个则没有否定字眼。可以说，字里行间带有否定含义的提问，都算不上好问题，都是低情商的表现。你和一个人说"希望你工作顺利"，和另一个人说"希望你工作不要再那么不顺了"，哪个听上去感觉更好些？显然是第一个。

在平时，我们总会遇到一些不会说话的人，比如，他们可能会说：

"你为什么要住那种地方？"

"你又不是买不起这个品牌！"

"这件款式不是很流行吧？"

"你看屋里那么脏，你就不能擦一下吗？"

每当听到有人这么说话，我们下意识地就想怼回去：怎么这么不会说话啊。

有人说，所谓的情商高，其实就是会说话。但从某种程度上来说，所谓的情商高，就是会提问，问的问题让别人觉得舒服，想回答。的确，好的提问，就是能让被问者不假思索就乐意回答，并能为其带来新发现的提问。

如果你和其他人说话时，很会提问题，那么你会更受欢迎，会赢得更多合作的机会；如果你和自己对话的时候，很会提问题，你会更容易发现自身的弱点，更能突破自我。

仔细想想，周围的成功人士或者情商很高的人，是不是善于向自己和别人抛出优质的问题？

他们通常不会每天纠缠着一个问题不放，也不会总是问同一类型的问题，而是会经常给自己提新的问题，进行新的思考，然后促使自己有新的行动。

问题怎么问，结果大不同

问题能够引导一个人的思维。如果你想改变别人的观点或说服对方，最好的方式就是通过问题引导，让他自己在不知不觉中说服自己。可以说，你问什么样的问题，就会得到什么样的结果：想让对方反对你，一个坏问题足矣；想让别人赞同你，一个好问题就够了。

许多人都有过被推销某种产品的经历。低情商的推销员一上来就讲个不停，丝毫不给你说话的机会，恨不得一口气把你说服了。高情商的推销员则是连说带问，循序渐进地引导你。像下面的场景大家都很熟悉：

"李先生，请问对您来说一生当中最重要的是什么？"

"当然是家庭。"

"那您认为您有没有责任去让您的家庭成员过得更幸福、更快乐？"

"必须的。"

"既然如此，那您是不是认为，应该做一点对家庭更有意义的事情呢？"

"当然了。"

"那假设我有方法能够让您很好地、长远地为您的家庭做一些考虑，您有没有兴趣了解一下？"

……

通过一连串问题的引导，顾客被逐渐带入了正题。如果推销员一上来就向其推销产品，很可能会被一口拒绝。有了前提的铺垫，一般情况下，顾客即使不想买，也不会生硬地拒绝。

其实，只要细心观察你会发现，高情商的人往往都说得少，问得多。如果一个人只是讲，很少提问，那他的情商也不会太高。比如，好多人都有这样的感觉，在某种场合遇到一个人，此人能说会道，但说出的话让人反感。

为什么会这样？

就是因为只说不问，不懂得用问题去引导别人，所以，别人不怎么认可他的口才。对高情商的人来说，他们改变别人观点的逻辑是：通过问题引导，而不是正面去反驳。

如果别人不答应你小小的要求，或拒绝你的某些合理的建议时，聪明的做法是：不要强势去要求，而要通过提问进行隐性说服。因为好的"问题"隐含了"说服"的成分，只要再应用那么一点点心理学，就可以通过有技巧的提问，让对方做出某种程度的改变。

可以说，好的问题比命令更为有效，只要善用提问技巧，就可以让说服变得得心应手。

通过问题来引导对方的思维，应该注意以下三点：

一、尽可能地把答案藏在问题里

平时，对于大多数事物我们都不持有立场，只是在被问到某问题时，才开始真正思考。所以，这其中存在很大的空间让提问者发挥，他们可以运用诱导或暗示的方法引导对方说出自己预设的答案。

比如，你想要让客户亲口称赞公司的商品，你问客户："您觉得这个产品如何呢？"这时，客户很可能会说："这个嘛，好像也还好，怎么说呢？"但如果换一种问法，说："您觉得这个产品如何呢？设计师的设计简洁又环保，价格也实惠，是吧？"大多数人都会顺着你的话说："是啊，真的很不错。"

生活中，每个人都特别在意别人对自己的看法，所以在回答一个自己也还不太确定的问题时，我们习惯这样思考："我这样回答，对方会怎么想呢？"正是出于这样的心理，高情商的提问者会在问题中预设我们可能会选择的答案。

二、麻烦别人，先要称赞对方

想要麻烦别人，却常常被婉拒？下次提出要求时，不妨先满足对方的自尊心，人在被抬高身价的时候，通常都会很乐意答应你的要求。所以你可以在提出要求之前先称赞对方，接下来在请求帮忙的时候，成功率就会大增。

"你的 PPT 做得太棒啦，哪像我那么笨都不会用，可以请你来帮我看一下这个部分要怎么设计才比较好吗？"

"你的经验比我丰富，可以帮我一些忙吗？"

像这样的问法，大多数人都会不好意思拒绝，因为要是拒绝的话，好像上面那句称赞的话就打了折扣。

三、善用"投影法"与"两段式提问"

大多数人都遇到过这种情况：有时候征求对方的意见或态度，因为有所顾忌，对方不想说真话，给出的答案模棱两可；或未经思考，直接给出一个太过乐观或悲观的答案，显得不切实际。遇到这样的情况，我们可以考虑使用"投影法"或"两段式提问"。

投影法：当人在被问到问题时，会在意"如果我说实话，是不是会让对方有不好的印象？"所以我们提问时可以利用"投影法"，把事情当成是别人的事来问，虽然看起来像是谈论别人，却会反映出自己的意见。如果你想问的是，"你是诚实的人吗？"可以试着把问题引申："你觉得大部分的人都诚实吗？"

两段式提问：有时为了让对方的答案不至于太离谱，可以先问对方"理想状况"，再问对方"实际情况"，这样的问法会让对方在回答第二个问题时，会给一个比"理想状况"更糟糕的回答，同时也更接近实际上的状况。

"你希望这个案子在多少预算以内解决呢？"

"20万元。"

"那实际上你觉得会花到多少钱？"

"如果可以不要超过40万元就谢天谢地了。"

而事实上，他在这个案子花上60万元都有可能。

提问的奥妙在于，不是强行灌输观点，而是委婉地把自己的想法植入对方心中。巧妙的提问，能够让对方主动地去思考"我如何更好地回答他"，从而给出一个他认为最理想的答案。所以，问题怎么问，不但会影响说话的效果，而且会影响沟通的结果。

多问对方擅长的话题

提问能反映一个人的情商与素养。有些人提问题，往往"哪壶不开提哪壶"，或许是无意的，但很容易被理解为恶意。这就会让人联想到人品问题。事实上，一个人品不怎么样的人，也提不出像样的问题，他的问题中往往潜藏着讽刺、贬损、嫉妒等不良情感。

比如，一个愤世嫉俗的人，他见不得朋友比自己过得更好，当朋友做出一些成绩时，他不会从心底里送上诚挚的祝愿，而是会说诸如"真奇怪，你是怎么抓住这个机会的？""你说老板提拔你，是不是想把你当枪使啊？"这样的话。

高情商的人，会站在对方的角度考虑问题，提出问题。首先，这要基于他对别人的了解，如果是陌生人，他起初的提问不会太深刻，会在对方了解、感兴趣的方面提问，方便对方作答，然后根据交流的情况，再逐渐深入，但始终会坚持一个原则，那就是尽可能站在对方的角度去提问。如果是同事、朋友，他提问时一定会考虑对方的处境、资历、兴趣、性格等因素，而不会由着自己的性子来，以免给别人造成难堪。

杨林，一家跨国公司的部门经理。部门业绩很突出，因而杨林打算举办一次庆功会。在会上，杨林充分发挥了自己的口才，让员工笑声连连。用餐结束后，杨林让刘敏上台。杨林问："我们都知道刘敏是公司的能人，下面由我来提几个问题，好吗？"员工们大声喊好，杨林问："你知道公司的×系列产品有哪些不足吗？"刘敏有点尴尬，因为她刚被调到杨林的部门，还没来得及熟悉产品。杨林又问："你知道咱们部门的口号吗？"刘敏默不作声，更加拘束了。庆功会结束后，刘敏感到非常内疚。

杨林的妻子告诉杨林说："你这样提问是不对的，你怎么能让刘敏下不了台呢？"杨林问："我哪儿做得不对呢？"妻子说："你提问总是想到什么就问什么，而不是从对方的角度出发，挑选对方擅长的问题。杨林，你给刘敏带来了压力。"

第二天，刘敏打电话请假，她跟部门同事说是因为回答不了问题而内疚不已。杨林很是不解："我不明白，我以为我喊她回答问题她会很感激，毕竟这也是一个表现的机会。"

事实上，像杨林那样困惑的人不在少数：

"我只不过提了个常识问题，他竟然没回答上来。"

"我不知道该怎么提出问题，能让员工意识到当前事情的严重性。"

"我怎么知道他对这方面知识一点儿也不了解呢？我以为他了解的。"

由此可见，提问时如果挑选的话题不合适，那么就容易让对方局促无言，让氛围变得尴尬，这是每个提问者都不愿意看到的。相反，如果提问的话题合适，就能打开对方的话匣子，让对方知无不言、言无不尽。有些人对提问存在误解，认为提一些显得深奥、有学识的问题才能赢得对方的尊重，而事实上，人们最关心的往往是自己能够参与并且擅长的话题。

挑选对方擅长的话题，比如双方彼此都很熟悉的话题，做到这一点其实并不难，然而在现实生活中，提问者和被提问者属于初次见面的情况比较多，那么，这时该如何寻找对方擅长的话题呢？

首先，要想知道对方擅长的话题，必须先熟悉对方。

如果是陌生人，在刚见面时，提问者就要学会仔细观察，如被提问者的发型、年龄、服饰、开的车、戴的眼镜、穿的鞋子等，从这些细节中可以发现被提问者的一些信息，提问可以从这些方面开始。

　　小董是一家公司的客户代表。一次，有一位客户到公司拜访，他发现对方闲下来时，会打开电脑中的炒股软件，时不时地瞄上一眼，直觉告诉他，对方是一个股民。所以，他走了过去，问："你也喜欢炒股？"

　　客户说："是的。我买了不少股票呢。"

　　小董说："我也偶尔炒股。入市已有五年了。"

　　客户说："我炒股已有十多年了。"

　　一来二去，两人谈论起了中国股市。

其实，小董性格比较内向，不善于和人聊天，尤其与一些高冷的客户交谈时，经常会冷场，搞得气氛很尴尬。

这次，却因为一个提问，开启了与客户的海聊模式。之后，他还经常通过微信与客户交流炒股经验。对客户来说，小董就是一个"知己"。由此我们可以看出，挑选对方擅长的话题的重要性。

每个人的时间和精力都是有限的，也就是说不可能对任何事都精通，也不可能对任何话题都了解、都擅长，所以提问时要挑选对方擅长的话题，见什么人问什么问题，因人而异，才能达到"同声相应、同气相求"的提问效果。

其次，通过提问来得知对方擅长的话题。

这种提问最好采用抽象性的，而不是具象的。具象问题是指："你喜欢足球吗？"把这个问题抽象化就是"你喜欢什么运动呢？"抽象性的问题，范围比较广，然后逐渐缩小范围，最终找出对方擅长的话题，就像捕鱼时广撒网，那么一定可以捕到不少鱼。

下面列几个抽象和具象的问题，你可以对比一下，找出特点，下次提问时就会知道该如何提出抽象性问题。

具象："你到欧洲旅游过吗？"抽象："你喜欢旅游吗？"

具象："你喜欢看世界杯吗？"抽象："你喜欢看哪些节目？"

具象："你喜欢吃牛排吗？"抽象："你喜欢的美食是什么？"

因此，提问者要善于察言观色和运用抽象性问题去找到对方擅长的话题，这或许会成为提问者提问成功的一个决定性因素。并且，在提问中，要时刻记得一个原则：一个人最愿意、最关心的话题，莫过于与他本人息息相关的事情。

学会用问题控制话题

在与别人的交流过程中，高情商者不但会进行理性的思考，还善于通过问题来控制话题，进而掌控场面。他们对谈话进程会有一个总体的认识和把控，并且知道目前进行到哪个阶段，这个阶段主要讨论什么议题，该说哪些话。他们不经意抛出一个问题，看似孤立，实则会涉及其他问题，他们会由一个问题不停地联系到第二个、第三个、第四个问题……

作为提问高手，他们一定会进行总体把控，一段时间内把议题控制在一个或两个，不会被别人牵着鼻子走，使议题扩大，因为议题太宽泛必然导致讨论不能深入进行。

谁控制了话题，谁就有主动权，职场中这种例子很多。设想一下，某一个清晨，一位同事来到你的办公室，说："我们一起聊一下这个项目的操作细节吧？"于是你把手头的计划推开，进入他的话题，不知不觉一上午过去了，结果你发现，明明半个小时可以聊完的话题，却用了一个上午。

为什么？因为你没有控制好话题，进入了对方的节奏。

在实际沟通中，高情商者是如何通过提问来控制话题，进而掌控整个谈话进程的呢？关键有以下三点：

一、适当进行封闭式提问

先看一个例子，两个人在列车上初次见面：

A："老家是河北的？"

B："是。"

A："是本科毕业吧？"

B："是。"

A："你在北京上班吗？"

B："是。"

类似的场景很多人都经历过，看似很平常，实则反映了一些对话技巧问题。当 B 连续回答了三个"是"的时候，在情感上就会默认自己已经和对方有所共鸣了，基于这样的认识，B 在回答 A 的第四个问题的时候，他的大脑基本上不会做太多的思考，而会习惯性地说"是"。

封闭式问题是相对于开放式问题而言的，封闭式问题有点儿像对错判断题或多项选择题，回答只需要一两个词。封闭式问题的常用词汇有：能不能、对吗、是不是、会不会、可不可以、多久、多少等。

当然，不宜过多使用封闭式问题，否则，谈话会变得枯燥，或让人觉得是在受审。

二、要多讲请求，少讲要求

同样是提问，向别人提要求与提出请求，给人的印象是截然不同的。如你想让别人帮个忙，可能会使用的表达方式有两种。一种是"你要出去啊？帮我带份饭回来"，对方可能会想，你自己有胳膊有腿，还让别人帮忙，而且说话这么不客气，我为什么要听你的？另一种是："亲，我手头很忙，脱不开身，你出去的时候，可不可以帮我捎个盒饭回来？谢谢你。"

当然，第二种问话更容易被人接受。为什么？第一种问话更像是要求，而第二种问话是一种请求。大凡向别人提出要求的问题，很少会得到积极、正面的回应。比如，一些高情商的领导在向下属布置任务时，通常会以一种温和的语气说："下个月公司订单会增加不少，人手一时短缺，恳请大家辛苦一点，到时能加班的尽量加个班，大家是什么意见？"众人也许会说："没问题。"心里会想：

加班还能多挣钱，没什么不妥。如果是一个低情商领导，很可能会一本正经地说："最近订单比较多，从下个月开始，每人都必须加班，听见没有？"大家即使不当众表态，心里也会想：为什么要加？我才不稀罕挣加班费。

所以，请求与要求会让人产生不同的心理反应，一种是认可，一种是抗拒，显然，高情商的提问应该趋向前者。

三、多谈"我觉得"，少说"你怎么"

"你怎么"这种句式带有很浓的指责、指正、批评别人的意味，所以，情商高手基本不会采用这类说辞。例如，别人对你说："这个问题好简单，你怎么就不会呀？"你是不是有种想怼回去的冲动：我就是笨，怎么啦，关你什么事啊?!的确，这样的问话会激起对方的对抗情绪。如果换一种说法："我觉得你应该做得更好，你认为呢？"这句话中包含了对对方的肯定与期望，对方不会产生异议，一般会欣然接受。所以，话怎么说，不只是要传达信息、观点，更重要的是要传递情感。如果这种情感是消极的，让人反感的，双方的沟通自然也不会朝着你期望的方向走。

可见，话怎么说，问题怎么问，对控制话题、场面非常重要。在生活中，很多时候都需要控制话题，这就需要你认真规划，重视自己的表达，以最简洁、有力的语言呈现出最想要的效果。

别让提问拉低你的情商

提问是个技术活。有人把提问比作抽血，只有扎对了地方，才能抽得出血，扎不对地方就只能刺得人生疼。其实我们每天都在提出问题，不是向别人提问，就是向自己提问。"你喜欢什么风格？""中午要去哪里吃饭？""明天你有什么计划？"……正是这些我们没有意识到的，看似很平常的问题，会在细微处体现出我们情商的高低，影响着我们的行动。

一般来说，面对问题，人们往往有条件反射般的回答反应。如果你问对了问题，对方往往会按照你的思维方向，主动回答出你想要的答案。反之，如果你问的问题不当，或没问到点子上，或问话方式不妥，就很难得到你想要的答案。

有些人在提问时往往连同自己的态度、立场一同抛给对方，很直白地告诉对方"我就是这么看的，你能提一些不同的意见吗？"或"你一定要告诉我，这件事究竟是怎么回事？"这是典型的低情商的表现。我们在看一些人物访谈节目时会发现，优秀的主持人提出的问题总是让人很舒服，对方也很乐意回答这些问题，场面有说有笑，大家轻松自在，不会觉得有什么约束。这其中，主持人的提问至关重要。会提问，才能控场，才能打开话题，才能让聊天变成一件有趣的事。

在现实生活中，不管是记者、教师、销售人员、部门经理，还是其他什么人，提问的方式很能反映他们的情商高低，甚至可以体现他们的能力。所以，高情商者往往都是特别会问问题的人，不管面对什么对象，在提问时他们都会避免三种能拉低自己情商的提问方式。

一、审问

所谓审问，就是指详细地问，主要是在学问的探究上进行深入追求。正如《礼记·中庸》所说："博学之，审问之，慎思之，明辨之，笃行之。"这反映的是对学问孜孜不倦的态度。在现实生活中，审问，有逼迫对方回答的意味，所以，如果采用这种穷追不舍的审问式提问，很有可能会激起对方的防御心理，甚至会招来对方的厌烦。

刘镇伟在其导演的电影《大话西游》里塑造了一个喋喋不休的唐僧形象。唐僧被关押在牢房里，对着看守他的妖怪不停地问："你叫什么名字？为什么叫这个名字？""你家在哪里？""那个地方好像很远呢？你怎么过来的？""你怎么会当个妖怪呢？做人做妖怪都要有仁慈的心，对不对？"唐僧这种喋喋不休的"审问"简直比孙悟空的如意金箍棒还要厉害，问得妖怪"精神崩溃"。

在现实生活中，有一些人简直就是翻版的唐僧，他们凡事都只希望满足自己的欲望，要求人人为他，但他们却不会满足别人的需求，表现得自私自利，不为他人着想。这就是典型的以自我为中心。

自我中心的产生是在身心发展过程中随着个性的发展而形成的，是自我意识发展的畸形产物。通常来说，一个人采用喋喋不休的审问式提问，往往是因为他太以自我为中心，有自恋倾向，内心缺乏安全感，或者性格较为强势。

二、攀问

攀问，很好理解，就是通过提问来深入或多方面了解、打探某一消息。在人际交往中，要特别注意，在别人的隐私、收入、婚姻等方面，能少问就少问，能不问就不问。问多了，有攀问之嫌，惹人反感。即使在其他方面，如果你总是从不同的角度提问，旁敲侧击，也容易让人产生反感情绪，从而让对方做出一些防卫行为——不再回应你的问题，或及时转换话题，要么干脆避开你。

某公司新来了一个实习生，与老赵一个部门。

　　一天，实习生问老赵："老赵，咱们公司的女副总叫什么呀？"

　　老赵回答："具体叫什么不知道，我只知道大家都叫她王姐。"

　　实习生问："哦，她在公司多少年了？"

　　老赵回答："不清楚，比我来得早。"

　　实习生又问："她和老板什么关系呀？"

　　老赵说："我不是说了嘛，她是副总，老板的副手。"

　　实习生还是很好奇："她是怎么上去的，是老板的亲戚吗？"

　　老赵有些不耐烦了："时间不早了，别光顾着聊天，该干活了。"

　　实习生不甘心，还想问关于这个副总的一些问题，老赵只是用"啊""哦"之类的语气词来回应。

　　老赵之所以采用敷衍的态度来回答问题，就是因为那个实习生太喋喋不休了，他不停地提问，让老赵有种被攀问的感觉，于是，便不想再认真回答问题了。

　　由此可见，这种喋喋不休的攀问实在令人生厌。如果你有这方面的习惯，对某个问题感兴趣，就想不停地追问，很快就会打消对方的谈话兴致，而且还会让人怀疑你的意图，给人留下"多事""好事"的印象。所以，不该问的不要问，该问的也要注意提问方式。

三、质问

相比于攀问，质问带有很强的攻击性，除了表达一种不信任、质疑外，还夹杂着强烈的个人情感，表达出来就是：你凭什么这么说？你倒是给我一个合理的解释啊。所以，习惯质问的人，大多不讨人喜欢，而且容易与别人抬杠。除非是辩论会等特殊场合，否则我们与人交谈应避免使用质问的语气。有些人喜欢以质问的语气纠正别人的错误，先质问，后解释，好比先向对方要害击出重重一拳，然后再安抚，这样当然会破坏双方的感情。

某日在一公交车上，前排有两位乘客在说话。"昨天那部电影实在很好看。"甲说。"有什么好？"乙强硬地质问他。"剧情不错，在改良社会风气的建议上别有一番见地。""有什么见地？"乙仍然用那种语调说。"还用问吗？它不是指出有些不良少年是被迫走上歧路的吗？"甲似乎有点儿不悦了。"老生常谈！这算是什么别有见地！"乙依然用质问的语气说话。

这两位乘客话不投机，气氛很尴尬，毛病就出在乙用质问的语气来谈话，这是最伤感情的。如果乙改变态度，当甲提出他对那部电影的意见时，乙若是不同意，可以坦白说出他对该部电影的见解，但不要用质问伤害对方，这样谈话才可以愉快地进行下去。

即使对方说错了，我们也没必要让他难堪吧？被莫名其妙质问的人往往会不知所措，甚至自尊心受到伤害，如果他不是脾气好的人，必定恼羞成怒。

在平时，如果想向别人提出问题，一定要注意语气与问话的方式，态度要真诚和善，避免让对方把你善意的提问理解成怀有某种目的的审问、攀问或质问。

问题安全，热聊才能继续

什么是"安全问题"？

安全问题，就是指能够让话题继续下去的问题。提了这个问题之后，发现下一个问题很难提出，那这个问题就是不安全的问题。问题不安全就会给提问带来麻烦，甚至不得不中断提问。

心理学家曾经观察过多位著名演讲家的演讲过程，发现这些演讲家之所以能够使演讲精彩、引人入胜，就是因为他们懂得如何提问，懂得用提问去引导听众，调动听众的热情，让听众参与到演讲中，而接下来，演讲家只要保持问题能够继续问下去就可以了。演讲家所提的问题一般都属于安全问题。

此外，当你和客户聊天时，你的提问会非常谨慎，一般涉及婚姻、家庭、收入及其他个人隐私的问题，都不会问，保险的方式是聊兴趣、聊社会热点，这些都属于安全问题。又比如，在工作中，为了让下属的工作能力得到提升或者让下属充满干劲，领导在提问时，也会采用安全问题。安全问题的好处就在于不管领导提出的是何种问题，都能够让下属有话可说，让领导能够继续提问下去。如在询问下属的工作情况时，领导很少会这么说："小刘，你这个月的业绩完成了吗？"而是会采取另一种方式提问："工作怎么样，压力大不大？"第一个问题限制了下属的回答范围，一旦下属的回答属于肯定的，那么提问就不好继续下去。而第二个问题，下属可以从各方面来回答，领导也可以从回答中找出问题继续提问。

在其他场合也一样，别人出错时，你也不会直接说："你知道你的工作方法是错误的吗？"你通常会这么问："如果换一种方法，会不会更好些？"在别人遇到困难时，不会提问的人会说："怎么搞的，是不是你太笨了？"高情商的人会说："问题既然已经出现，我们是不是有更好的方法来解决？"

不难看出，安全问题的一大特点就是，让对方回答问题的范围扩大，而不是局限在有限的选择里。

尤其在销售过程中，我们常常见到销售员采用这种方法。优秀的销售员并不是跟客户见面后，才会考虑问什么问题，而是在拜访客户前就已经准备好问题了，而且这些问题往往是范围比较广的开放性问题，这样的问题有利于激发客户的思维，让客户不至于无话可说，而销售员就可以从客户的回答中找出想要的信息。所以优秀的销售员从来不提那些限制客户回答范围的问题，因为他们明白，一旦客户把话说"死"了，他们就无法继续提问下去。

曹明是一家烟厂的销售员，一天，他去拜访一位经销商，经销商是烟厂的大客户，公司十分重视他。之前，曹明为自己设计了一套话术。见面后，曹明问："你抽烟吗？"经销商答："不抽。"曹明有些尴尬，一时不知该说什么好。他本来以为经销商会抽烟的，而且自己都早已想好，如果对方说"抽"，自己接下来该如何说。但让他郁闷的是，他从没有想过对方说"不抽"，自己要怎么应对。所以，那天拜访客户并不成功，双方只是肤浅地聊了几句，就散场了。

不难看出，在应对尴尬的局面时，曹明的情商确实不高。但是造成这种局面的原因，却仅是一个简单的、不安全的问题。其实曹明应该意识到这个问题的"风险"，因为它是第一个问题，而且这个问题对方只能回答"是"或"不是"。如果刚一开始，双方就聊不到一个点上，或对方给出的答案与自己的预期相差太远，而在自己的问题中又表露出了自己的预期，那么提问很可能就继续不下去了。在这个案例中，因为曹明期望对方回答"抽"，对方却回答"不抽"，如果接下来曹明又问："你们公司今年赚钱吗？"对方回答："不赚。"那几乎可以肯定，双方就没有什么可聊的了。当然，如果对方是个高情商的人，为了照顾他的面子，让场面好看，很可能会巧妙地应付一下这个问题，不至于冷场。但生活中，并不是我们遇到的每一个人都是情商很高的人。因此为了争取主动，我们一定要学会从保险的、安全的问题入手，与对方开启热聊模式。

所以，懂得如何提出安全问题是非常重要的。平时，我们也经常会听到这样的问题：

"有什么需要帮助的呢？"

"你觉得除了这个方法，还有什么方法更好一些呢？"

"你有什么办法可以帮助公司更好地成长呢？"

"你在什么时候注意到了这个问题？之后是怎么解决的？或者打算怎么解决？"

"如果现在你有足够的能力，你最想做什么事情？"

这些问题都属于安全问题，在很多场合都适用，它们能够帮助你了解对方的一些基本信息。当然，通过这种方式获取的信息是有限的。如果要获得更多信息，那么在用安全问题打开局面后，就要接着提出其他有价值的问题。

用废话提问，得到的一定是废话

顾名思义，废话就是没有用的话、多余的话、惹人烦的话。但是，在每天的生活与工作中，我们又离不开废话，甚至毫不夸张地说，我们大部分时间都在说废话。离开了废话，生活会变得无趣，交际也会出现障碍。

每天和同事见面后，我们张口就是废话："来得够早的啊！""吃早餐了吗？""这天真够热的啊！"……这是有用的废话，目的不在于交流，只是礼貌性地打招呼，可以说，我们在一天的生活与工作中，说的80%的话，都是这样的废话。

但是，废话又是相对的，同样的话，你对这个人说是废话，对那个人说就算不上废话，说不定还能让他受益匪浅。比如，你是一家公司的技术主管，需要告诉每一名员工，程序的格式要怎么弄，代码要控制在多少行，每个人都该负责什么……这样的话，你可以一周强调一次，如果每天都要说一遍，别人就会当废话。

提问也是这个道理。有些问题一听就没有技术含量，全是废话，回答吧，挺无聊的，不回答，场面上又过不去，所以只好应个声，算是给个面子。也就是说，你用废话提问，得到的一定是废话。因为用废话提问，暗含了这三层意思：首先，问题可问可不问，问了不如不问；其次，问题很幼稚、肤浅，没有一定的深度；最后，答案就在问题里，自问自答就可以了，讲出来多此一举。下面举个例子说明：

有个实习记者，想写一篇关于某女演员的稿子，为了约到这位演员，她费尽周折。结果访谈只持续了10分钟。这位实习记者是怎么采访的呢？

一上来，她就问对方："拍了这么多戏，你最满意的是哪一部呢？"

"下一部。"

"我看你的作品都偏向戏曲，想不想尝试一下喜剧呢？"

"嗯。"

"目前你还是单身？"

"是。"

"是不是因为工作太忙，没有时间谈恋爱呢？"

"是的。"

"那有没有比较欣赏的异性？"

"我爸。"

"除了拍戏，你还有什么爱好呢？"

"看书。"

采访到这里，女演员有些不耐烦了："我今天状态不是很好，抱歉，咱们下次再聊。"

实习记者赶忙说："好的，那我可以问最后一个问题吗？"

"只能一个。"

"每次拍完戏，你最想做什么？"

"我不是说过了吗，看书。"

在这个案例中，可以说实习记者提的全是"三无"问题：无趣味，无内容，无深度。问题不吸引人，怎么能撩起对方的兴趣？当你用废话提问时，即使对方有心认真回答，也不知道从何说起，因为他会觉得，作为提问者，你都敷衍，我何必认真？案例中，实习记者总问一些在演员看来，自己已回答过无数次，而且地球人都知道的问题——她对这些没有感觉，认为完全不值得回答。这就像你和巴菲特一起吃午餐，总是问他"牛排好不好吃？""老爷子，你的西服是从哪买的？""都说你很有钱，这个数有吗？"那么人家会觉得你这个人没品位，层次低。在他看来，这些问题完全是废话。

可见，越是与有层次的人沟通，提的问题越是要有深度、有水平，你把本该问闺密的问题拿来问老板、问客户，就显得没水平，说出来的话也显得毫无价值。

所以为了避免用废话提问或是你的问题被当作废话，一定要注意这么几个方面：

首先，要问实质性的问题。在提问中，多问些实质性的问题，比用一连串的废话多次提问要强得多。也就是说，提问不需要多，但要问到点上。那些真正会提问的人，往往都是"三思而后提"，虽然提的问题少，但每次都能说到点上。

其次，要了解提问的对象。当一个人用废话提问时，往往没有考虑到对方的心理、感受、理解力等方面的情况，当然有时还可能忽略了场合。对待不同的提问对象要有不同的提问方式，如对方性格较为豪爽，那么你提的问题就该豪爽点；如对方较为内向，那么提问就要注意措辞严谨；另外，也要根据提问对象的专业来提问，在提及对方专业领域的问题时，要小心谨慎，以免给对方留下"关公面前耍大刀"之感。

最后，要避免浅薄无趣。提问时，如果言辞单调，词汇匮乏，那么很容易就会往废话那方面跑。如果不确定提问是否属于废话式提问，那么你把自己当作提问对象，问自己这些问题，站在对方角度回答这些问题，这样你就能明白这个问题是不是废话式问题。

有些问题是绝对属于废话的，一些很明显的事情或者不需要思考就能得到答案的问题都属于此类，如"外面打雷，是要下雨了吗？"提问时不注意撤弃废话，只会徒然浪费时间和精力，做些无用功而已。当你发现自己已经用废话去提问，并且对方也回答了一些废话时，那么就要适可而止，要学会从当前的对话中，因势利导，找出真正有价值的问题来。

当然，不要用废话提问，不是说故作高深，咬文嚼字，也不是旁敲侧击、遮遮掩掩，而是说不要提一些无意义的或答案明显的问题。

情商可以低，但开口要有见识

见识既不单指见闻，也不只是知识，但它肯定是从学习知识、社会经历中得来的。一个人有无见识，一张嘴就知道了。有见识的人，通常遇事处变不惊，淡定从容。没经历过多少事的人，见了什么都惊讶得不得了，"哇，怎么会这样？""有没有搞错，怎么可能？"

通常，一个人没见识，他的情商也会受限。他除了遇事会惊掉下巴，还有一个鲜明的特点，就是提出的问题很俗，甚至让人难堪，自己却浑然不知，自我感觉良好。

　　有家公司新来了一个美工，大家对他的一致评价是："那家伙的创意是真好，但情商是真低。"他刚到公司时，偶尔还会接到别的公司打来的面试电话。有一次，人家问他找到工作了吗，他说："喂，你是哪家公司呀，我给你们家投过简历吗？"

　　对方说："投过的，我们看过了。"

　　他说："我不记得了，我在招聘网上是群发的。既然你们看到了，那你就介绍一下你们公司，怎么样？"

　　对方说："如果有兴趣的话，你可以看下我们的网站，上面有详细的介绍。"

　　他又说："要是你那工资给得高，我就去看看，对了，待遇怎么样？"

　　人家"呵呵"了几句，就借故挂了电话。

　　有人说，你这种问话方式不对，显得太没情商了。他说："什么情商？真正有才华的人，是不屑于什么情商的。"

　　简单的问话都说不好，还要夸自己很有才，在逻辑上也是站不住脚的。一个人再有才华，遇事胡说八道，也会被人矮视三分。

　　不懂的事要少说，懂的事也要悠着点说，话多了漏洞也就多。所以，讲话一定要有分寸，要靠谱，要有见识，不懂就要多问，不要装懂。当然，问也要问出水平，不能想到一出是一出。

汉武大帝年间，张骞出使西域，见乌孙王。乌孙王问他："你们汉国，有几万人口吧？"

张骞道："我汉国地域宽广，人口众多，单是征讨匈奴，每次出动兵马都不少于十万。"

乌孙王道："十万之众？那你们，肯定是连女人和小孩子都上战场了。"

张骞道："根本不需要，我汉国单只是一个郡，人口就以数十万计。"

听了张骞的话，乌孙王与他的属臣哈哈大笑，一边笑一边好奇地打量张骞，那眼光让张骞十分不舒服。他总算是领教到了，在没见识的人眼里，正常人就是骗子。

在资讯发达的今天，每个人都有机会接触到外面丰富多彩的世界，这时，如果有人还是一而再、再而三地问一些没有见识的问题，犯一些低级的错误，就贻笑大方了。

当然，见识带有局限性，有些所谓的有见识的人，在更有见识的人看来，显得也很浅薄。但是人生在世，有一个起码的智商底线是需要维护的——我们可以不是那个最有见识的人，但千万不要让自己成为最没见识的那一个。

有一次，有个年轻人到经理家做客，发现经理的书房摆满了书。当时他一脸懵懂的样子，在藏书中转来转去，突然间冒出一句："现在谁还看书呀？想知道什么，百度全都有。"

经理说："现在是什么时代？是知识爆炸的时代，你掌握的那点知识，都帮不了你。网上那些完全没体系的七零八碎，不过是娱乐产品而已。"

这位年轻人求学读书出来，竟然还问这种没见识的问题，不能说书白读了，至少是在读死书——他只学习专业知识，却没有运用知识的能力。没见识的人，说话没水平，这样的人让人感觉不成熟，做事不靠谱。所以，人生需要多历练，多些知识修养，这样即使自己在某个方面是外行，也不至于问幼稚的问题。

第六章

多一点幽默，
让表达更具感染力

高情商的人用幽默来凸显智慧：温情而不做作，自然而有内涵。低情商的人用幽默来制造尴尬：粗俗而滑稽，随意且任性。

幽默不是刻意的搞笑

很多人肤浅地认为，幽默就是让自己的语言、行为充满笑点，只要能逗乐别人，就说明自己很幽默。所以，他们说话会声嘶力竭，做事故弄玄虚，以为自己很幽默，其实不然，这叫刻意搞笑，是刻意地去取悦别人，有目的地让别人感到好笑。

幽默是什么？幽默是一种特殊的情绪表现。它是人们适应环境的工具，是人类面临困境时减轻精神和心理压力的方法之一。

正如有位名人所说：浮躁难以幽默，装腔作势难以幽默，钻牛角尖难以幽默，捉襟见肘难以幽默，迟钝笨拙难以幽默，只有从容、平等待人、超脱、游刃有余、聪明透彻才能幽默。简而言之，幽默不是刻意的搞笑，也不是油腔滑调，更不是嘲笑或讽刺——它或许带有温和的嘲讽，却不刺伤人。

著名作家钱钟书是名副其实的幽默大师。他曾婉拒一位求见的英国女士说："假如你吃了鸡蛋觉得不错，又何必要认识那只下蛋的母鸡呢？"

对时常到家中请教的年轻人，钱钟书幽默地说："你们总是来'剥削'我。"虽然他这样说，但每次还是认真回答他们的问题。可以想象，有这样一位老师，学生应该多么开心。

幽默不仅能给周围的人带来欢乐和愉快，还能为谈话锦上添花，叫人轻松之余又深觉难忘。在生活中，幽默是欢乐的味精，一句幽默的话，可以使在场的人顿时笑出声来，气氛变得轻松活跃。

早些年，某男演员曾公开抨击一位美女明星是演员中的"花瓶"，表示自己不会跟花瓶合作。后来他俩在一部电影的媒体见面会上，被问到是否有此事。当时，男演员一脸尴尬，支支吾吾地说："这是什么情况啊，我得先冷静冷静，整理一下情绪。"然后，慌张的他想了两三秒，才一本正经地否认了这件事。

这时这位女明星却说："我听说过。"男演员顿时愣住了。接着这位女明星说："不过我知道这些话不是他说的。我俩现在坐到了一起，就是这个问题最好的答案。"

在这个案例中，这位女明星非但没有袖手旁观，反而巧妙地为那位男演员解围，相信这位男演员从此一定对她另眼相看。还有一次，在一部历史题材的电影新闻发布会上，记者问这位女明星，是否介意与之合作的男演员的身高，她说："男人的气度远胜于高度。"一句话让现场所有人拍案叫绝。戏中他俩有拥抱的戏份，当她被问到戏外是否能再次拥抱一下这位已婚男演员时，她说："要等到另一位女士的允许，我才能拥抱。"

从她的言谈举止中，我们看到一个学识、教养都很优异的女性形象。她用最优雅智慧的方式化解了尴尬。

无论是日常生活，还是社交场合，分寸恰当地表达出幽默感，是一种高情商，它能给周围的人带来快乐，可以使人们的关系变得亲切、自然、和谐。它能使严肃紧张的气氛顿时变得轻松活泼，能让人感受到说话人的温厚和善意，使其观点变得容易让人接受。

但有些人，说话技巧普通无趣倒也罢了，却喜欢哗众取宠，故意搞笑，结果往往一开口就暴露了自己的低情商。这不是幽默，是"恶搞"。有人会说，怎样才能让自己幽默起来？这个问题，就像"如何才能天真"一样，难以回答。但不可否认，幽默需要高情商，因为，只有高情商的人才可以通过幽默来淡化消极的情绪，来消除沮丧与痛苦。他们的生活充满情趣，在许多看来令人痛苦烦恼的事，他们却应付得轻松自如。他们习惯用幽默的方式来处理烦恼与矛盾，会使人感到和他们相处和谐愉快。

俄国文学家契诃夫说："不懂得开玩笑的人，是没有希望的人。"所以，生活中的每个人都应当学会幽默——多一点情商，少一点情绪；多一份从容与豁达，少一份做作与偏执。

面对刁难，幽默是最好的回应

高情商的人在遇到不怀好意的语言刁难或指责时，既不会失态，也不会失语，而会欲扬先抑，淡定地幽默一把，巧把尴尬化于无形。低情商者面对同样的场面，不善于把控自己的情绪，要么恶语相向，要么听之任之，不管采用哪种方式，都可能正中对方下怀。

所以，一个人能否巧妙化解别人的刁难，能显示出他的情商。情商低的人，很容易被对方一点就着，很容易情绪失控；中等情商的人，会有理有节地回应，尽量挽回自己的颜面；而高情商的人，善于利用幽默回击，谈话间把对方说出的话再怼回去，不仅场面好看，而且让对方无话可讲。

电影《当幸福来敲门》中有这样一个情节：

主人公克里斯好不容易争取到了面试的机会，这场面试对他来说很重要，是足以改变命运的一次机会。但是，命运似乎一直在为难这个男人，面试的前一晚他被扣留在了警局直到第二天早上。

时间匆忙，他穿着脏兮兮的衣服出了警局直奔面试的那家公司，几位面试官对他的穿着感到很惊讶。

其中一位面试官没好气地问他："我们为什么要录用一个连衬衫都没穿的人？"

场面颇为尴尬，但他机智地回答道："我猜他一定是穿了条好看的裤子。"

一句话引得大家都笑了起来，很巧妙地化解了尴尬的气氛，最终他也获得了这份工作。

一个会说话的人，你能感受到他话语中的那股巧劲，可以四两拨千斤般地将疑难问题轻松化解。无独有偶，在面对各种尖刻的提问时，莫言用他幽默的方式回答了问题。反驳之余，不失风趣。

2012 年，莫言获得了诺贝尔文学奖。在发布会中，他风趣犀利的语言给人们留下了深刻的印象。在被问及获奖后生活中发生的变化时，莫言轻松地说："对我个人来讲，最大的变化是，我过去骑着自行车在北京街头没有人理睬我。前几天我骑着自行车在北京街头走，好几个年轻姑娘追着我照相。我一下知道，哦！我成了名人了。"

随后，他又立刻说道："我希望大家把对我的热情，转移到中国广大的作家身上去。"

幽默之余，莫言不忘嘱咐大家不要聚焦于他，而是要关注真正的重点，关注中国的作家。

有瑞典媒体质疑，由于评委、汉学家马悦然和莫言有私交，莫言获奖的结果"不公平"。对此，莫言表情平静，笑着答道："马悦然在中国古典文学方面的知识令我佩服。我知道我得奖后，马悦然先生背了很多的罪名。我和马先生只有三面之缘，我们只是三支烟的感情，他多抽了我一根。"

紧接着就又有人追问，马悦然是否真的是莫言"亲爱的朋友"。莫言不慌不忙地说："你们外国人第一次见面就是称'亲爱的朋友'。我认识了一个意大利女孩，第一次给我写信就称'亲爱的莫言'，令我心潮澎湃，以为她对我有意思呢，后来人们说这是人家的礼貌习惯而已。"

在发布会的这场智商游戏中，莫言用机警、幽默、俏皮成功地化解了困境，维护了自己的尊严，同时给听者留下了想象和思索的空间。

即兴幽默，洒脱地化解尴尬

莎士比亚说：幽默和风趣是智慧的闪现。有了幽默感，你会觉得人生更有乐趣，和人相处更融洽和谐，你的生活更愉悦，所以幽默感更多的是一种生活态度。

一个懂得幽默的人，更容易获得别人的青睐和信任。很多人都喜欢与有幽默感的人在一起，正是因为幽默有着巨大的感染力。情商高的人，除了会说话，还善于用即时幽默化解可能的尴尬。

在从不缺俊男美女的娱乐圈，黄渤可以说是"三无"演员——无身高，无颜值，无身材，但就是这样一个人，演技被人称赞。

黄渤有一次参加某颁奖典礼，一名嘉宾说："马云说过一句名言，我以为是说给他自己的，我发现那句名言同样适合于黄渤，男人的长相和他的才华往往成反比。"这位嘉宾的话，一方面调侃了黄渤的长相，另一方面又赞美了他的才华。

黄渤先是说了一句"谢谢"来回应赞美，接着又用幽默的话"反击"道："我相信这话也一直激励着您。"他一方面回击了嘉宾的调侃，另一方面又给了别人台阶下，姿态不卑不亢。

为什么大家说黄渤"会说话"，情商高，由此可见一斑。面对不同的场面，他幽默机智，妙语连珠。正如他自己所说：出现尴尬局面，要根据环境、气氛不同，进行技术性的应对，有时是以退为进，有时是绵里藏针。这里的"技术性"指的就是即兴幽默。

那么如何提升自己在这方面的语言修养呢？即兴发挥

并非都是神来之笔，遍览各种人物机智幽默的语言可知，这需要在以下三个方面进行长时间的积累与培养。

一、注重知识的积累

幽默通常是基于知识的一种升华，如果"讲段子"的人对于讨论的事物本身不了解，那么很有可能强行开的玩笑不是玩笑，自己反倒成了笑话。这种知识，绝对不是你看几本笑话书恶补就能得来的，而是对世界认知的长期积累。

二、训练机敏的反应能力

所有幽默都是即时的，即使是使用过的老梗，要让它发挥最大的喜剧效果，也得老梗翻新，必须贴合于当下。这种机智是所有人都喜欢的，相声里把这叫作"现挂"，现挂都很容易博得满堂彩。同样的一句话，在某个特定的场合、特定的时机说，幽默效果极佳，但在其他时间、场合说，就可能没有一点笑点。

三、培养有情趣的审美

社交场合通常欣赏的幽默，是无伤大雅又有些小情趣、小机灵的，有些粗俗的笑话不能说不好笑，但绝不能用它来塑造社交形象。不管是在舞台上，还是在平时生活中，粗俗的谈吐即使博来笑声，对我们也没有任何益处。比如有些相声演员习惯说一些低俗的段子，以博取听众的笑声，这种做法只会让人讨厌。总之，幽默是为了社交，而社交不是为了幽默。

可以说，即兴幽默是排解压力的缓冲器、成功处世的润滑剂、精神脱俗的开心果，它会帮助你处理那些困难的话题。有时你想表达的信息是别人不希望耳闻的，可能涉及痛苦的事实，或者需要听众做出较大的牺牲，或者需要他们面对某些残酷或厌憎的人生处境，这时，快人快语是不合时宜的；相反，委婉一点，即兴幽默一下，不但可以增加你的说服力，而且会把复杂的内涵观点形象化，让人迅速把握住问题的实质。

自嘲是幽默的最高境界

幽默的一条重要原则，就是宁可取笑自己，也绝不轻易取笑别人。海利·福斯第曾经说过："笑的金科玉律是，不论你想笑别人什么，先笑自己。"自嘲，是自知、自娱和自信的表现，也是一种幽默，是一种高情商行为。

自嘲的技巧在于剥离自我，把自己当成别人去评论和奚落。特别当别人在攻击你的时候，你的辩解和防御往往显得虚弱；反过来，你也加入攻击者的队伍，和别人一起攻击你自己，就会使攻击显得荒谬可笑。如果你在对方攻击你的弱点之前，自嘲自己的弱点，对方反而不好意思去攻击你。

　　比如，聊天的时候，一个人在秀自己健身的成果，让大家看他的腹肌，其中有人会说："我也有腹肌，而且是很大的一块。"然后给大家看他的啤酒肚。再如，有人攻击你说话大舌头："把舌头捋直了再说话。"你可以用夸张的语调说："我也想捋直，不过舌头太大了，伸直了嘴里放不下。"

　　可见，自嘲的人非但不怕暴露自己的缺点，还会巧妙地为自己解围，他们堪称智者中的智者、高手中的高手。所以，有人说"自嘲是幽默的最高境界"。

　　自嘲是缺乏自信者不敢使用的语言技巧，因为它要你自己"骂"自己，也就是要拿自身的失误、不足甚至生理缺陷来"开涮"，对丑处、羞处不予遮掩、躲避，反而把它放大、夸张、剖析，然后巧妙地引申发挥，自圆其说，博人一笑。没有豁达、乐观、超脱的心态和胸怀，是无法做到的。可想而知，这样的高情商，是自以为是、斤斤计较、尖酸刻薄的人难以企及的。

　　人际交往中，在人前蒙羞，处境尴尬时，用自嘲来对付窘境，不仅能很容易找到台阶下，而且多会产生幽默的效果。所以自我解嘲，自己"胳肢"自己几下，自己先笑起来，是一种很高明的脱身手段。

传说，古代有个石学士，一次骑驴不慎摔在地上，他不慌不忙地站起来说："亏我是石学士，要是瓦的，还不摔成碎片？"一句妙语，说得在场的人哈哈大笑，这石学士自然也在笑声中免去了难堪。

由此可见，自嘲时要对着自己的某个缺点猛烈开火就容易妙趣横生。单就这份气度和勇气，别人也不会让你孤独自笑，而一般会陪你笑上几声的。

某人打算出国进修，他的妻子半开玩笑地说："你到那个花花世界，说不定会看上别的女人呢！"他笑道："你瞧瞧我这副相貌，瓦刀脸，罗圈腿，站在路上怕是人家眼角都不撩呢！"一句话把妻子逗乐了。人人忌讳提自己长相上的缺陷，可这位丈夫却能够接受自己的先天不足，并不在意揭丑。这样的自嘲体现了一种豁达的心态和人生智慧，比起一本正经地向妻子发誓决不拈花惹草，其效果不是更好吗？

通常，高情商的人在面对尴尬的处境时，会借助自嘲让自己体面地脱身，从而表现出良好的修养和充满活力的交际技巧。

在某俱乐部举行的一次招待会上，服务员倒酒时，不慎将啤酒洒到一位宾客光亮的秃头上。服务员吓得手足无措，全场人目瞪口呆，这位宾客却微笑说："老弟，你以为这种治疗方法会有效吗？"在场的人闻声大笑，尴尬局面即刻被打破了。这位宾客借助自嘲，既展示了自己的大度胸怀，又维护了自我尊严，消除了尴尬。

所以，自嘲能制造宽松、和谐的交谈气氛，能使自己活得轻松洒脱，使人感到你的可爱，充满人情味，有时还能更有效地维护面子，建立起新的心理平衡。不管你是什么样的人，有时自嘲会让你赢得好人缘，更容易让别人喜欢你、了解你，进而相信你。

毒舌不是幽默，而是情商低

"几天不见你怎么胖得跟球一样了？"

"下班都不来接你，你男朋友是不是不爱你？"

或许每个人的身边都有几个这样口无遮拦的朋友，在说了一堆令人尴尬和难以接受的话后，总是用一句"我这个人比较爱开玩笑"或"别见怪，我就是说话比较直"，来为自己开脱。

面对如此"玩笑"，当事者若稍微表现出一丝的不开心，对方还会觉得他玻璃心，没有幽默感。但是，这真的是幽默感吗？不是！这种说话不过大脑、令人尴尬、自以为是的"幽默感"，更像是毒舌，是情商低和不会说话的表现。

幽默本质上是一种分寸感的把控，令人发笑和盛气凌人的毒舌本身并不属于幽默，只有带来欢乐氛围，又不伤害别人，甚至还能让人深思的幽默，才是真正的幽默。幽默是门技术活，高情商的人不一定幽默，但是幽默的人情商一定很高。

所以，绝不要把毒舌当幽默，否则，最后尴尬的只会是自己。

小李拍完婚纱照后，顺便拷贝了一份回来。

第二天上班，她一进办公室，就被一群同事围了起来，大家都想看看她的婚纱照。因为没做任何后期处理，她不怎么愿意给大家看。但是，同事按捺不住好奇心，磨了好久，她拗不过，总算同意在电脑上打开给大家看。

有一个胖同事看过几张后，说："你怎么拍得这么富态啊，我第一次发现，你的脸长得真像老了之后的斯琴高娃啊。"

说完，自己就哈哈大笑起来。众人无语，场面有些尴尬。这个同事一贯"毒舌"，他一开口，大家就知道会"出事"。果然准新娘听完，就站起来把显示器关掉，拿起键盘"啪"的一声摔在桌上说："别看啦，别看啦，该干吗干吗去。"

胖同事"呵呵"了几声，一副若无其事的样子。不一会儿，他对其他同事说："我只是想搞一下气氛而已，她怎么说翻脸就翻脸了呢？"

上面的案例中，胖同事在公众场合口无遮拦，拿别人乱开玩笑却不自知，这种毒舌言语不是幽默，是没教养。

在现实生活中，有很多自以为是的幽默甚至连"毒舌"都算不上。毒舌是什么？《城市画报〈毒舌集〉》中有一段关于"毒舌"自我修养的文字，表示真正有修养的"毒舌"有文化，没有文化的毒舌只能算是"喷子"。

高级的毒舌有幽默感，善于用风趣和智慧去化解辛辣话语给人带来的不适感，言语犀利，但是讨人欢心，令人发笑和深思。

论"毒舌"的功力，谁都比不过文学大师们，聪明的作家都是深谙"毒舌"之道的。比如鲁迅先生，他的"毒舌"功力就非同一般。他说美如天仙的嫦娥是一个居家怨妇，他痛斥群众永远是喜剧的看客，他说中国和西洋都有臭虫……先生"横眉冷对千夫指"，骂了很多人，说了很多狠毒的话，但是依然不失为人们心目中的"男神"，连毛主席都评价他有傲骨。有人说过，鲁迅先生写作的语言就像匕首投枪，锋利无比。他的毒舌在嬉笑怒骂中，发人深省，给人力量。

显然，现实生活中的许多"毒舌"没有鲁迅先生这么高的文学修养，也缺情商，充其量只会讲个段子、抖个机灵，做一些肤浅的搞笑行为。

真正幽默的人，有着良好的个人修养，懂得如何尊重别人。他们通过风趣的语言，把自己认为对的事情、有趣的事情告诉你，这种幽默是带着善意的。可惜，生活中有很多自以为幽默实则尖刻毒舌的人，并没有掌握到这种精华。

丽莉是一家公司的人事专员。她为人热情大方，平时，不管公司举行什么活动，她都会非常热心地张罗、组织，但她有一个特点，就是有时说话很尖刻。一次，公司为了欢迎新来的两位同事，组织人事部门的所有人聚餐。席间，有一位新同事无意中说了一句："我是不是太能吃了？"大家都说："没事，没事，你慢点吃。"

这时，丽莉接了一句"大家都学学他，以后公司聚会都留着点肚子多吃点，反正不要钱"，搞得这位新同事一脸尴尬。

还有一次，有一位应届毕业的女生通过公司的面试，说第二天就来办理入职手续。没想到这位女生刚走出公司大门，丽莉就哈哈大笑起来，一边笑一边指着门外说："你们快看，那个姑娘走路像鸭子一样，太好笑了。"但是众人并没有跟着笑。

像丽莉这样的人生活中有很多，他们喜欢不分场合地拿人"开涮"，开别人玩笑或者对别人做些恶作剧，自以为是搞气氛的高手和幽默的段子手，殊不知自己的很多行为，其实不是幽默，而是伤人于无形的毒舌。

真正的幽默感是什么？是让人与人之间的相处更融洽、更舒服的手段。讽刺、毒舌、小聪明算不上是幽默。只有心存善意，有敏锐洞察力和人生智慧，并且拥有宽容心态的人，才能散发幽默的魅力，让人真心发笑。

做冷场中的幽默大王

人生中的许多机遇，都是通过聊天得来的。化解冷场的能力有多大，有时往往决定了你的天地有多广。在与别人交流时，为了尽量避免冷场，我们会不断地寻找新的话题，调节现场的氛围，但有时候，冷场还是会发生。

最尴尬的事莫过于一群人围在一起，大眼瞪小眼，明明互相认识，却连一个共同话题都找不出来，甚至有时候和最亲密的朋友、伴侣相处在一起，仍然会尴尬冷场，这可怎么办？

比如老同学见面，会问："老同学，好久不见啦，你在哪里发财呀？"

"我在卖保险。"

"谈女朋友了吗？"

"还没有。"

"买房了吗？"

"正在考虑。"

"你工资多少呀？"

"……"

此时，对方只能默默坐端正，回一个尴尬而不失礼貌的微笑。

一般来说，如果一个话题没聊两句，就生硬地转移到下一个话题，很容易造成二次冷场，与其如此，还不如用一些幽默的语句缓解气氛，否则，大家只能"尴聊"。

其实大部分的"尴聊"都是无意识的，就像扔垃圾一样把话题强行抛给对方，以解自己一时之尴尬，结果变成双方一起尴尬。

那么要怎么做才能避免"尴聊"与冷场呢？可以使用如下一些技巧：

一、要有良好的心态

有一次，一位销售人员在卖场向大家介绍一种摔不碎的玻璃杯，不巧，杯子竟摔得粉碎，销售人员镇定地说："看来发明这种玻璃杯的人没有考虑我的力气。"幽默的语言，一下子使自己摆脱了窘境。

良好的心态比什么都重要。有了它，你就会从容地面对任何事情。心态端正了，幽默感自然充裕了起来。

二、展示幽默的形象

很多人都有这样的体会，同样的话、同样的语调，不同的人讲出来效果不同，有的人讲完后鸦雀无声，有的人只讲到一半，别人就笑弯了腰。这其实是因为他们留给别人的印象不同。有的人一向让人觉得幽默风趣，所以在他说话的时候，别人就会潜意识地通过场景、气氛、语调来主动降低自己的笑点。如果你平时就是一个不苟言笑的人，说话一本正经，毫无幽默感可言，那么即使你说的段子再好笑，别人也很难乐起来。

所以，想让自己说话有幽默感，整个人首先要有幽默的气质，要展现出幽默的形象，如某一种表情、做事风格、语言特点等。

三、用好身边的素材

不管是幽默大师还是喜剧演员，他们的成功都不是一天的事情，"骐骥千里，非一日之功"，"台上三分钟，台下十年功"，要想将幽默风趣的形象在生活工作中展示得游刃有余，必须"千凿万凿出深山"。所以平时一定要留意和积累相关的语录、段子，如果单是凭借自己的想法，是很难达到信手拈来的境界的。

当然，每个人的经历、关注的东西、性格不同，其笑点也会不同，有些人喜欢冷笑话，有些人喜欢网络段子……尤其与刚认识的人交往，最好不要乱讲笑话，讲的笑话最好选择眼前可见的题材。

四、从多个角度思考

一位幽默大师曾说过："所谓幽默就是别人看见了头，而你看见了屁股。"从不同的角度去看待问题，幽默感就会出现。例如，对方抱怨一筒卷纸的品质过于粗糙，如果你摒弃正常思维，把卷纸当作砂纸看待，幽默的回答就出现了，你可以对抱怨者说："如果你不介意，可以卖给我当砂纸。"

总的来说，在冷场中施展自己的幽默话术，语言一定要自然，并契合自己的形象，同时，内容要积极向上，留意对方的忌讳。

第七章

赞美的话要闪亮，
张口就能俘获人心

马克·吐温说："只凭一句赞美的话，我可以多活三个月。"赞美是世界上最美好的语言、最动听的声音、最好的礼物。学会高情商地赞美他人，你将收获更多美好。

高情商的赞美，会让对方"上瘾"

美国心理学家威廉·杰姆斯说："人性最深层的需要就是渴望别人欣赏。"心理学研究发现，人性有一个共同点，即每一个人都喜欢别人的赞美。一句恰当的赞美犹如银盘上的金苹果，使人陶醉。

如果在人际交往中，懂得赞美，善于赞美，那么你将成为一个有同情心、有理解力、有吸引力的人。

赞美人并不是一件容易的事，正如"水能载舟，亦能覆舟"一样。适当的赞美之词，恰如人际关系的润滑剂，使你和他人关系融洽，心境美好；肉麻的恭维话却往往让人觉得你虚伪而不怀好意，从而对你心生轻蔑。

古时有一个说客，说服别人的功力堪称一流。他曾当众夸口道："小人虽不才，但极能奉承。平生有一志愿，要将一千顶高帽子戴给我遇到的一千个人，现在已送出了999顶，只剩下最后一项了。"一位长者听后摇头说道："我偏不信，你那最后一项用什么方法也戴不到我的头上。"说客一听，忙拱手道："先生说得极是，不才走南闯北，见过的人不计其数，但像先生这样秉性刚直、不喜奉承的人，委实没有！"长者顿时手持胡须，扬扬自得地说："这你算说对了。"听了这话，那位说客哈哈大笑："恭喜先生，我这最后一顶高帽已经戴到先生头上了。"

这个典故生动地说明了再刚正不阿的人，也无法拒绝说到他心坎上的赞美。

很多人都说自己并不喜欢听到别人对自己的赞美，那只是他们不喜欢听到重复、老套、空洞的赞美。高情商的人赞美别人的时候，往往会让人听得"上瘾"。

什么是高情商的赞美？下面举两个例子：

比如，有个女生买了一个包，你可以这样说："哟，这个包真漂亮，从哪里买的？我前段时间也看上这款了，记得很贵的，怎么也得四五千元。"

对方说："没有啦，也就一千多元。"

"不会吧，完全看不出来，你就骗我吧。"

这是通过"物贵"来赞美，当然，也可以通过"人贱"来赞美。

比如，遇到一位锻炼身体的老人，你可以说："您老人家这腿脚，这身子骨，有五十五了吗？"

"哪有，早过了，今年七十八啦。"

"不会吧，您看上去至少要年轻二十岁啊。"

老人听了，心里肯定乐开了花。

可以说，每个人身上都可以找到值得夸赞的地方，只要你的情商足够高，就会发现不同的赞美点。

在小区的早点铺子里，有两位客人都想让老板给自己添些稀饭。一位皱着眉头说："老板，太小气啦，只给这么一点儿，哪里吃得饱？"结果老板说："我们稀饭是要成本的，吃不饱再买一碗好啦。"这位客人只好又添钱买了一碗稀饭。另一位客人则笑着说："老板，你们煮的稀饭实在太好吃了，我一下子就吃完了。"结果，他拿到了一大碗免费稀饭。

上面的案例中，两个人两种说话方式，得到两种不同的结果，可见会说话是多么重要。在我们的生活中，人人都需要赞美，赞美不一定要把人夸得心花怒放，许多时候，它是一种社交礼仪、素养、情商的体现。

比如，我们到菜市场买菜的时候，有的摊贩嘴很甜："这位帅哥，要来点什么？都便宜处理了。""这位美女，想买点什么？今天做特价。"

见到一位女士就是"美女"，对方听了，也会欣然接受——既然这么热情，谁家都是买，就买你家的吧。结果，嘴甜的商贩生意特别好。

人人都喜欢被赞美。但是，与矫揉造作、阿谀奉承这种拍马屁式的赞美不同，高情商地赞美别人，一定要表现出一种诚意、一种胸怀、一种发自内心的欣赏。

赞美有度，没有人拒绝真诚

不管是赞美还是恭维，稍微有些思想的人，都知道你说的是真话还是假话。不过，人人都爱听好听话，假话说到位也受听，这里就涉及一个度的问题。过分的真诚、过分的做作，都超出了这个度。这个度的掌握，在口气里，在语言中，在表情上。

一名穷困潦倒的年轻人到达巴黎，他拜访父亲的朋友，期望对方帮自己找一份工作。

对方问："你精通数学吗？"

他不好意思地摇摇头。

"历史、地理呢？"

他又摇摇头。

"法律呢？"

他再次摇摇头。

"那好吧，你先留个地址，有合适的工作我再找你。"

年轻人写下地址，道别后要走时却被父亲的朋友拉住了："你的字写得很漂亮啊，这就是你的优点！"

年轻人不解。

对方接着说："能把字写得让人称赞，一般来说也擅长写文章！"

年轻人受到赞美和鼓励后，非常兴奋。

后来，他果然写出了经典的作品。他就是家喻户晓的法国作家大仲马。可见，给予真心、真诚的赞美，对方都会开心地接受并从中获得力量。

好的赞美要真诚，并且发自内心。生活中，很多人赞美别人的时候，都唯唯诺诺，声如蚊蚋。这种态度不可取，如果你用这样的态度和语气来赞美别人，显示不出你的情商。观察那些优秀的销售人员，你会发现他们夸赞别人的时候，都大大方方，不做作。

要知道，当一个人心情好的时候，思维就会变得活跃，思考问题会倾向于积极的一面，这有助于推动和加速两个人的互动关系。所以，要学会大方、真诚地赞美别人。赞美别人的方式有很多种，但切忌浮夸、造作。即使你的赞美缺少华丽的语言，但是只要能流露出真情实感，也会让人感觉到你的真诚——没有人能够拒绝真诚。

比如，你可以夸一位女生漂亮，但是不可以说"你是我这辈子见过的最漂亮的女生"这样的话，因为显得太虚假，一般人非但不会相信，反而会给你贴上"浮夸"

的标签。

贾经理在 KTV 唱歌时，跑调跑得厉害，最后连他自己都唱不下去了。他摆摆手说："哎呀，不行了，献丑了。"谁知他手下的一个职员马上说："唱得很好呢，简直和××歌星不相上下。"贾经理听了，不但没高兴，还很奇怪地看了他一眼，然后不冷不热地说："我还是有自知之明的。"弄得那个职员十分尴尬。

案例中，这个职员在赞美经理时就没有遵循真诚的原则。他的赞美之词明显是随口说出的，而且非常夸张，所以经理会觉得不舒服。虽然人们都喜欢听赞美的话，但并非任何赞美都会让对方高兴。没有根据、虚情假意地赞美别人，不仅会让人莫名其妙，还会让人觉得你心口不一。例如，如果你见到一位相貌平平的先生，却偏要说"你太帅了"，对方就会认为你在讽刺他，但如果你从他的服饰、谈吐、举止等方面来表示赞美，他就可能很高兴地接受，并对你产生好感。

赞美绝不是阿谀奉承，言不由衷、夸大其词、心怀叵测地夸赞对方的缺点和错误，就是非常卑鄙的了。这样的"赞美"，都不是正确的社交手段，而是钩心斗角的阴谋伎俩。所以，对人对事的评价绝对不能脱离客观基础，措辞也应把握分寸。

具体来说，真诚地赞美别人，在说话时应把握好以下几个说话要点：

一、赞美别人要发自内心

真诚的赞美是对对方表露出来的优点的由衷赞美，所赞美的内容是确实存在的，不是虚假的，这样的赞美才能令人信服。如果你赞美别人时口是心非，不是发自内心的，对方就会觉得你言不由衷，或另有所图。

二、不要把奉承误认为是赞美

真诚赞美是无本的投资，阿谀奉承等于以伪币行贿。真诚的赞美是发现——发现对方的优点而赞美之，阿谀奉承是发明——发明一个优点而夸奖之。

三、赞美别人时要有眼神交流

赞美时要注视对方，做出一种专心倾听对方讲话的表情，让对方意识到自己的重要性，这样才能达到一种无声胜有声的效果。

四、赞美要有见地

赞美对方的容貌不如赞美对方的服饰、能力和品质。

同样是赞美一个人，不同的表达方法取得的效果会大相径庭。例如，当你见到一位其貌不扬的女士，却偏要对她说"你真是一位超级美女"，她将很难认可你的这些虚伪之词，但如果你着眼于赞美她的服饰、工作能力、谈吐举止，她一定会高兴地接受。

五、用语要讲究一些

要尽量避免使用模棱两可的表述，如"还可以""凑合""挺好"等。含糊的赞扬往往比侮辱性的言辞还要糟糕，侮辱至少不会带有怜悯的味道。

此外，赞美别人的时候，不能老想着能从别人身上得到什么好处，能让别人帮什么忙。这样的赞美目的性太强，很容易让人觉得不舒服，甚至产生被戏弄的感觉。真诚赞美别人的前提是欣赏别人，如果赞美掺杂了很多目的性，那就动机不纯了，一旦被人识破，就会遭人鄙视和厌弃。

真诚一直是人际交往中最重要的品质，真诚的赞美更容易获得他人的认可。真诚的赞美，就是话语要做到准确、精练，并且慷慨。此外，赞美行为并非局限于语言，还可以是一张表示庆祝的小纸条、一个拥抱，或者一个信任的眼神。

赞美要有新意，忌老调重弹

为人处世时，不要以为一味地赞美就能赢得他人的心。因为陈词滥调或者不着边际的赞美只会惹人生厌。赞美的直接目的是让对方高兴，如果你不想让对方出现"审美疲劳"的话，赞美的话一定要有新意，切忌老调重弹。

有这么一个故事：一位将军听说有人称赞他漂亮的胡须，非常高兴。因为之前，几乎所有人都会称赞他英勇善战及富于谋略的军事才干。作为一位军人，不论在这方面怎样赞美他，他都很少会产生自豪感。而赞美他胡须的那个人，他的聪明之处就在于，他的赞美让人耳目一新。

由此可见，有新意的赞美是多么重要。

有新意的赞美之所以让人印象深刻，是因为它能反映赞美者较高的情商，以及他对被赞美者深入的了解和独具匠心的观察。因此，在赞美别人的时候，要花一些心思，添加一些新鲜的元素，这样会提升赞美的效果。

一、配合一个小礼物进行赞美

一次，王经理过生日的时候，收到下属的一件礼物，是一条领带。这个礼物选得既有品位又不夸张，更有意思的是，下属还对王经理说了这样一句话："谢谢您一直以来的信任，希望您继续领着我、带着我，一起成长和进步。"

哪个领导会拒绝这样送来的"领带"呢？可以看得出来，这位下属私下是用了心的。

二、适当赞扬他人的缺点

赞扬缺点？那不是反讽或挖苦对方吗？当然不是，这就要看你的情商与话术了。应用这种方式赞美他人的原理是：对于优秀的人来说，被他人赞扬是很常有的事，所以如果你仍然赞扬对方的优点，很难给对方留下深刻印象，这时，可以从他的缺点入手进行赞美。比如，一位身材很好的女生，皮肤稍黑，你再说她身材好，很难能给她留下深刻印象，因为有太多的人说过她身材好；但是你可以说："你的肤色看上去非常健康，一看你就经常运动。"

当然，赞扬他人的缺点也有一定的风险，操作起来难度较大，很容易让对方觉得你是在"讽刺"他，所以，使用这种方法一定要考虑双方的关系、说话的场合等。

三、利用第三者进行赞美

如果你跟对方有不少共同的朋友，则非常适合使用这个方法。比如：

"小何曾跟我讲过，他觉得你做事很靠谱，很实在。"

"说实话，无论是长辈，还是我的一些朋友，当他们谈及你的时候，都对你赞赏有加。"

接着，你感受下面的两种说法，哪种更好一点？

"你读书真的很用功。"

"张老师跟我说过，你读书真的很用心。"

比较这两者的区别，我们都更倾向于后者。

我们有时潜意识地认为，眼前和我聊天的这个人，可能会因为利益而讨好我，说好话，而转述第三者的赞美就不一样了，让人感觉更加真实，不做作。

这里需要注意的是，你在赞美对方时提到的"第三者"最好是对方比较信赖或看重的人。有时，我们说对方如何如何，对方不一定会相信，当你通过第三者之口赞美时，可信度更高。

四、在公开场合进行赞美

很多时候，在公开场合赞美他人，要比私下赞美更有说服力。比如，你和老王一起向领导汇报工作，你说："李总，我们小组这次项目之所以能够顺利地完成，很大程度上是因为有老王的帮助，他给我们提供了非常详细的数据，讲解时也很耐心，真的很不错……"这时，老王定会向你投来感激的目光。公开赞美不仅表示出了你的诚意，也提高了对方在圈子内的名声，对方有什么理由不喜欢你呢？

五、加一点善意的谎言

当一个人身上不具备某些优势时，适当的赞美也可以让其信心倍增。出于这样的善意，高情商的人在赞美别人的时候，也会点缀一点谎言。

大名鼎鼎的音乐家勃拉姆斯是农民的儿子。因家境贫寒，他从小没有接受过良好的教育，更别说系统的音乐训练了。所以勃拉姆斯很自卑，音乐变成了他遥不可及的梦想。

一次，勃拉姆斯认识了音乐家舒曼，受到舒曼的邀请去做客。勃拉姆斯坐在钢琴前弹奏起自己以前创作的一首C大调奏鸣曲，弹奏得有些不顺畅，舒曼则在一旁认真地听。一曲结束后，舒曼热情地张开怀抱，高兴地对勃拉姆斯说："你真是个天才呀！年轻人，天才……"

勃拉姆斯有些惊讶地说："天才？您是在说我吗？"他简直不敢相信自己的耳朵，因为从来没有人这样夸奖过他。从此，勃拉姆斯消除了自卑感，并拜舒曼为师学习音乐，改写了自己的一生。

其实，勃拉姆斯的演奏水平还没有那么高，但是舒曼却用善意的谎言帮他坚定了信心，使勃拉姆斯变成了一个有激情、自信的人。所以，用善意的谎言赞美别人，可以激励对方，让他生出信心和勇气。

喜新厌旧是人们普遍具有的心理，所以赞美他人时要尽可能有些新意。陈词滥调的赞美，会让人觉得索然无味，而新颖独特的赞美，则会令人回味无穷。

赞美得有理有据，不要"假大空"

英国著名哲学家培根说："即使是真诚的赞美，也必须恰如其分。"这里所说的恰如其分，是指赞美别人要具体、确切，避免空泛和含混。赞美是需要理由的，赞美越具体明确，就越能让人觉得真诚贴切，其有效性就越高。相反，空泛、含混的赞美由于没有明确的赞美理由，经常让人觉得难以接受。

比较一下下面两个例子：

甲："你的论文非常有创新性，比如关于智能家居方面的问题，提得非常好，不但大多数人没想到，而且你竟然提出了改正意见。相信你对自己的文章也非常满意。"

乙："你的论文写得真是太棒了，我觉得非常好。"

甲、乙两人虽然同时表达了赞美，但甲的赞美更实在，更容易让人接受，乙的话却说得像场面话，缺乏那么一点诚意。所以，在赞美别人时，不妨把话说得具体、清楚些。

要知道，当你夸一个人"真棒""真漂亮"时，他的内心深处就会立刻产生一种心理期待，想听听下文，以求证实："我棒在哪里？""我漂亮在哪里？"此时，你如果没有具体化的表述，就会让对方非常失望。但是，如果你能详细地说出对方哪里漂亮、什么地方让你感觉很棒、怎么聪明，那么，赞美的效果就会大不相同。因为具体化可视、可感觉，是真实存在的，对方自然就能由此感受到你的真诚、可信。因此，赞美只有具体化，才能深入人心，才能与对方内心深处的期望相吻合，从而促进你和对方的良好交流。

那么，我们如何观察才能发现对方具体的优点，并用恰当的语言表达出来呢？

一、指出具体部位的亮点

我们可以从他人的相貌、服饰等方面寻找具体的闪光点，然后给予评价。

比如，当你赞美一位女士时说"你太漂亮了"，不如说"你的皮肤真白，你的眼睛很亮，你的身材真高挑，在美女群中很抢眼……"她的脑海里就会马上浮现出"白皙的皮肤、美丽的眼睛、苗条的身材……"这样，你的赞美之词就会让她难以忘怀。因为具体化的东西往往是可视、可感觉的，对方自然能够由此感受到你的真诚、亲切与可信。

二、和名人做某种比较

对于外表的赞美，倘若能结合名人来做比较，效果会更好。社会名人往往是大家喜欢甚至崇拜的对象，他们的知名度也比较高。如果你夸赞某人时，若能指出他的整体或某个部位像哪一位名人，自然就提高了他心中自己的形象，也能让你给他留下好印象。

三、以事实为根据进行引申

用事实做根据，从而引申出对对方性格、品位、气质、才华等方面的赞美。比如，当你看到一位女士佩戴的珍珠项链时，你可以这样赞美她："您真有品位，珍珠项链显得自然高贵，英国的戴安娜王妃就最喜欢珍珠首饰了。"

当你看到同事家挂在墙上的结婚照时，可以这样说："你应该多送你太太聘礼。"同事不解地问："为什么？"你若这样解释："因为你娶了一位电影明星啊。"他听到这样的夸赞后，心里一定美极了。

在人际交往中，要想使我们的赞美效果倍增，就要学会具体化赞美，即在赞美时具体而详细地说出对方值得赞美的地方。这样既能让对方感受到我们的真诚，又能让我们的赞美之词深入人心。

回应赞美不只是说"谢谢"

在中国，做人谦虚一直是主流观念。中国人的性格成长环境，整体倾向内敛，如果太招摇可能会遭到别人的白眼。所以在被赞美的时候，我们总是下意识地"解剖"自己的不足，或"习惯性"地回夸。有的人这个时候甚至会表现得很腼腆，或者很尴尬。

这种"下意识"反应，一般由下面两种原因造成：

"认知失调"是一种原因。美国社会心理学家费斯汀格，在他的《认知失调理论》中提到过，他人对我们的认知和我们的自我认知相冲突的时候，就会导致认知失调。什么是认知失调？简单来说，就是别人夸你，而你又觉得自己没必要被夸，这时，就可能产生认知失调。《认知失调理论》中说："这种心理反应，会引起心理紧张，而当事人会'下意识'否定别人，来找寻心理平衡点。"这种反应的直观反馈就是，当事人开始"自我反思"。

"后天养成"则是另一种原因。一般来说，被夸奖人在听到别人的夸奖后，心里其实很得意，"那是肯定的！"但是嘴上依然很谦虚。这种条件反射式的回应，多半是因为被夸奖者的家人、同事或周围的人收到赞美会感到尴尬，被夸奖者在耳濡目染中受此影响，也习惯了在收到赞美时感到尴尬。

那该如何回应他人的赞美呢？

美国商业心理学家马克·郭士敦说过："当有人赞美你的时候，他们是在和你分享你的行为对他们的影响，他们并不是在问你是否同意。"我们都知道赞美别人是礼貌的行为，但有时候我们会觉得这是客套，所以才需要客套回应。其实，接受别人的赞美，和赞美别人一样是礼仪问题。别人赞美了你，是对你的鼓励，你当然要以感谢来回应，这是很正常的表现方式。

所以，在被赞美时，不要感到难堪，也不要有过多的想法，要学会得体、大方地回应。

一、回应因人而异

当赞美你的人是长辈或者领导的时候，你要先表示感谢，然后可以说，要以对方为榜样，还要继续努力。同时，在说这些话的时候，你一定要保持微笑。比如，微笑着说："您过奖了，我还有很多地方要向您学习请教呢。"

如果赞美你的人是朋友或同事，你要先表示感谢，再大体赞同对方的夸奖，最后表示自己还有很多有待学习的地方。比如，有人说："你是我们不可多得的技术能手。"对此，你可以这样回应："谢谢夸奖，虽然大家比较认可我，但是，我做得还不够好，咱们一起努力。"

二、适度表示谦虚

中国人讲究谦恭礼让，谦虚是一种传统美德，所以当别人在夸奖你的时候，你也应该谦虚地回应。

别人在夸你努力的时候，你可以说："其实我这人有点儿笨，所以就勤快点儿，勤能补拙嘛。"

别人在夸你年轻有为时，你可以说："哪里哪里，我还有很多要学习的地方，都是朋友帮忙。"

别人在夸你聪明的时候，你可以说："没有没有，碰巧我那天看过一点。"

别人夸你人品好的时候，你可以说："人家对我也很好。"

或者，你也可以多用一些客套词，像"愧不敢当""过奖了""谬赞了""承蒙夸奖（抬爱）""这是我分内的事"等。

三、及时回赞对方

这里有一个公式可以套用：感谢对方＋夸奖对方。比如，当长辈阿姨称赞你"漂亮大方"时，你也可以甜甜地对她说："谢谢阿姨夸奖，不过阿姨保养得可真好，又优雅，又有气质。"阿姨听完也会很开心。只是说几句话的事情，可以让彼此都开心，何乐而不为呢？

别人夸你一句，你回夸一句，这才是社交。如果是比较要好的朋友称赞你的话，也不妨以开玩笑的方式回答他们。比如：

"我很佩服你的心胸。"

"真晕，瞎说啥大实话呢。"

"低调，低调，为我保密哦。"

对于赞美，我们不应表现得太得意，或害羞、木讷，在感谢对方对你的评价的同时，要对自己有一个正确的估计，在此基础上，再结合巧妙的话术进行回应，这样，才能体现出你的高情商。

第八章

委婉批评，避免哪怕一秒钟的情绪对抗

一个人的心灵隐藏在作品中，批评却能把它拉到亮处。批评是一种技术，更是一种艺术，巧妙的批评不但能使别人接受，更能在彼此之间架起一座沟通的桥梁。

看人不顺眼，是因为自己情商不够

美国有句名言："你如果指挥不了自己，就无法指挥别人。"许多时候，当你带着个人好恶、感情来评价一个人时，往往会放大对方的优点或缺点。而当你习惯看到别人的缺点，并借以表示自己的客观、正确甚至高尚时，往往不是那个被评价的人有问题，而是你的情商不够。

在生活或工作中，我们经常见到这样的人，他们对身边的某个人怎么看都不顺眼，逢人就说："你看那个谁谁，怎么那么讨厌啊！"今天讲这个，明天说那个，总觉得身边越来越多的人都不顺眼，看谁都有"毛病"，看谁都来气。但他们很少反思自己，其实，自己才是那个最不顺眼的人。

小陈名校毕业，有学问有闯劲，是工作中的一把好手，但是就有一个缺点：个性太强。刚到单位第一天，他就与同事发生了几次不愉快。他说："虽然我很尊重老同事，但他们的水平确实不行，混吃混喝也就算了，还倚老卖老，看着真闹心。"平时，他觉得这个人会拍马屁，那个人爱装糊涂，时间一久，同事们都忌讳与他交往。领导也曾委婉地提醒过他，看事情要积极，不要破坏单位的工作氛围，他根本听不进去，私下说领导是个饭桶，只会抢别人的功劳，做和事佬。

显而易见，小陈很难和同事处好关系，没有融洽的关系，怎么能做好工作？尤其在职场，批评他人或发表一些贬损同事、领导的言论，都要谨慎。许多时候，即使你的看法没错，也不能口不择言，什么都说。只顾着表达自己的牢骚和不满，不仅处理不好同事之间的关系，对以后的工作和职业发展也会产生很多负面影响。

很明显，小陈在公司的行为就是一种低情商的表现，原因有三：

其一，别人的不顺眼之处，自己身上多半也有。看别人不顺眼背后的心理动因，就是自我嫌弃，不喜欢自己内在的某些倾向。比如，不喜欢自己的自私自利，就会关注别人自私自利的举动；自己很势利，喜欢利用别人，往往就会特别敏感，讨厌被人利用。人们通过否定别人身上这些"自己的缺点"，来重塑自我形象。

其二，别人的不顺眼之处，可能是自己欠缺的。看到新来的同事笑脸迎人，嘴上说着"只会拍马屁"，内心深处却是在责骂自己不会"来事儿"。自己在某些方面不如别人，就会心生嫉妒，下意识地避开人家身上的优点，把注意力集中在其"缺点"上，也就越看人越觉得不顺眼。

其三，童年或许有过被至亲的人嫌弃、打骂、过度贬低等经历。有过这种经历的人，内心自卑，容易在潜意识里形成一种莫名的怨恨，投射到身边大部分人身上，仿佛人人都是自己的敌人。从小被娇惯或成绩一向优秀的人，如果失去宠爱、恭维，巨大的心理落差也会引发嫉妒心和失落感，逐渐看谁都不顺眼。

所以，当看别人不顺眼时，一定要先自省：是不是自己的修养不够，或情商有问题。因为，你有多不喜欢对方的某个方面，就有多讨厌自己内心的"缺陷"。只要你能认出它来，就已经踏上了成长之路。一般来说，要把看不顺眼的人看顺眼了，需加强三项个人修炼：

一是改变"衡量别人的尺子"。自己"看不顺眼的人"，其实也有很多好朋友。之所以看他不顺眼，是因为你站在自己的角度，按自己的标准去看待、评价别人。衡量别人的尺子是我们自己设定的，不妨摆脱自我中心的位置，试着用大众标准去看待对方，往往能很快释然。

二是别用挑剔的眼光看人。"金无足赤，人无完人"，用欣赏的目光取代挑剔的目光，或许更能看到别人身上值得称道的一面。

三是学会原谅和包容他人。即使对方先不敬，言辞间伤害了你，你也要尽量克制、忍让。人人都会出错，只有不去计较别人的对与错，才能得到别人的敬重与谅解。生活中，对许多非原则性的事，你不妨糊涂点儿、马虎点儿、健忘点儿。

人生在世，难免有看不惯的人和事，但是，事事看不惯，一定是情商太低：看上级不顺眼，是自己能力不够；看老板不顺眼，是自己梦想不够；看同事不顺眼，是自己胸襟不够；看朋友不顺眼，是自己眼力不够；看自己不顺眼，是自己修炼不够；看别人不顺眼，是自己修养不够。

从世俗的角度讲，经常"毒舌"，"看不惯"他人，不仅是胸怀窄、情商低的表现，而且会让旁观者嘘唏，不仅坏了自己的名声，更会跟人结怨或导致仇恨。

本事小，脾气就不要太大

没本事还爱发脾气的人，说到底，还是情商不行！很多人明明管理不好自己的情绪，却把自己的牢骚、抱怨甚至谩骂当作真性情。

谁没有觉得压抑的时候呢？谁没有受伤的时候呢？所谓的脾气好的人，往往是那些有能力处理自己的负面情绪，并反思自己的问题，然后去理智地面对生活的人。通常，他们有了不良情绪，会想办法去化解，或通过某种正确的方式发泄，而不是看什么都不顺眼，见谁都想唠叨几句，肆意发泄自己的不满，抑或把坏情绪带到生活与工作中。

而情商低的人，经常会不经任何处理，简单粗暴地把坏情绪投掷给别人甚至自己的亲密伴侣，或者说，他根本没有自我克制的意识，只要自己有一点不爽，就要发泄出来，就要让所有人都知道：我遭受了"不公正"的待遇，我很生气，我有很多"道理"要讲……其实，这是自私，是为自己想得太多，为别人想得太少。

中国台湾学者南怀瑾先生的《论语别裁》中有一段关于脾气的文字，十分精彩有趣："上等人有本事没脾气，中等人有本事有脾气，下等人没本事有脾气。"以本事将人分高下，早已有之，但从脾气维度来品评人物，则真是别出心裁，足见脾气与人的雅俗高下颇有关系。心理学家则更细致地从脾气上把人划分成四等，依次排为：有本事没脾气，有本事有脾气，没本事没脾气，没本事有脾气。

第一等人拥有绝对的高情商。大多数人属于第二等人，即有本事，有个性，也有脾气。对第二等人来说，等他们什么时候豁达了，做事也就没那么急躁了。而第三等人中，经常会有一部分人变成第四等人，没本事的人被生活压力所折磨，渐渐就有脾气了，而且会变得越来越暴躁！细心观察，你肯定会发现，自己的朋友、同事也主要是由这四种人组成。多与第一种人相处，你往往也会本事见长，脾气渐小。

越是有本事的人，说话办事越会表现出较高的情商，你见过哪位高级领导人随便发脾气、哪位知名学者对人讲粗话吗？几乎没有，因为他们不只有水平、有胸怀，而且有非常高的情商。

如果以为自己有本事、有地位，就可以发脾气了，那就大错特错了。比如，你升职加薪了，或者成为公司的技术骨干或者企业负责人，这说明你有些本事，有两下子，这是好事，但不能说，你就能任性发脾气了。

有一位老板很能干，但就是事业做不大，原因就是爱发脾气。平时，员工在工作中出现一丁点儿问题，他都要进行批评教育，而很少会鼓励、纠正，他的口头禅就是：

"这点小事都做不好，你还会做什么？"

"要么给我好好干，要么给我滚蛋！"

"这件事让我很生气，你们必须做出检讨。"

……

许多时候，使他非常生气的都是一些鸡毛蒜皮的事，如员工手机没有调成静音、上卫生间的时间超过五分钟，或者多用了一张打印纸……

生活中像这样的人有很多，他们缺少心胸，没有气量，永远看不到别人的付出与努力，眼中只有麻烦与问题，心中只有脾气，说到底还是情商不够高。越是成功的人，越会看到别人为自己做出的努力和牺牲。正如《十五的月亮》那首歌中唱的那样："丰收果里，有你的甘甜，也有我的甘甜；军功章啊，有我的一半，也有你的一半。"

一定不要让人生输给了心情。无论你多么聪明，多么富有，多有权势，永远不要让脾气大于本事——如果你是对的，你没必要发脾气；如果你是错的，你没资格去发脾气。

即使批评，也要让人如沐春风

所谓的高情商，就是会沟通。沟通最重要的，就是说话方式。很多时候，一句话换一种方式去说，事情就会拥有另外一个更好的结局。

生活中，拥有好人缘的人，情商一般都很高。不是因为他们有多聪明，而是因为他们会说话。他们从来不会与人发生争吵，即使是讨厌，他们也可能用最善意的话去表达。

用善意的话去述说一件自己不喜欢的事情，这不仅是高情商的表现，更是一种为人处世的方法。尤其是我们必须去"批评"别人的时候，一定要把握住分寸，照顾对方的接受能力。有些情商低的人不注意这一点，只会尽情地指责和发泄，只会批评、批评再批评，却不曾考虑对方的接受能力,结果往往会让对方很难堪,甚至引发更大的冲突。

乘客 A 在高铁上吃泡面,结果引起了乘客 B 的反对与斥责。乘客 A 一直在忍耐,压抑着心中的怒火。而乘客 B 不顾形象,破口大骂,可以说,句句都带有很强的攻击性,令乘客 A 非常尴尬。乘客 B 骂人的理由是,自己家孩子对泡面过敏。事后乘客 A 在网上声称要"人肉"乘客 B。我们且不说谁对谁错,只看乘客 B 暴躁的处理方式,就知她是一个情商非常低的人。如果她换一种劝阻方式,提醒乘客 A 不要在高铁上吃泡面,事情或许会是另外一种结果。

遇到问题就喋喋不休,而且得理不饶人,不但会显得自己没素质、没修养,而且会暴露自己的低情商。为什么?究其根源,是因为一个人不善于控制自己的情绪,喜欢用批评来发泄自己的不快。以这种方式去解决问题,只会激化矛盾,正所谓:"好言一句三冬暖,恶语伤人六月寒。"

所以,情商处处会体现在你的言语中。真正高情商的人,从来都不会让别人难堪,更不会恶语伤人。如果他们一定要批评别人,也会采用较理性的方法,尽量避免产生对抗。

具体来说,他们批评别人时会采用如下一些方法:姿态不会高高在上,声音也不会太高亢;对事不对人,不会点评对方的人格;先赞扬后批评,批评后又赞扬;尽可能缩小批评范围,让对方去领悟;只说眼下的事,不会去翻旧账;如果可行的话,会做自我检讨,并说"让咱们一起进步"……

总结上面的方法，我们会发现它们有两个特点：

一、批评人需要换位思考

批评中的换位思考，要考虑对方的条件跟你的条件是不是一样的，如学历的不同、见识的不同、背景的不同、职位的不同等，这样做事过程中产生的结果也是不同的；要考虑批评的环境，如你肯定不希望在公众场合被批评，别人同样不希望在公众场合被批评，所以尽量不要在人多的时候批评别人。

二、批评人需要把握好度

兔子急了也会咬人，过于严厉地批评别人，就算当时不撕破脸，以后也不会带来好的结果。被批评者的自信心、自尊心受到打击，有可能带来怠工、离职、报复等后果，那么这样一次"批评"反倒成了恶性事件的导火索了。

表达批评的方式有千万种，情商低的人永远都会选择最不中听的语言。情商高的人，说话时时顾及他人的感受，即使是批评，也能让他人如沐春风。高情商不是虚伪，不是油嘴滑舌，而是为人处世时保持善意，展现出自己的修养。所以，在批评他人的时候一定要谨记，错误的批评方式等于在打自己的脸，等于在告诉别人"我的情商很低"。

处理分歧，要避免情绪对抗

我们无时无刻都需要与人共事、合作，在这个过程中，不可避免地会产生观点、思想的碰撞，甚至会被误解，或招致批评。不管是你的错误，还是别人的问题，当你感到很不爽，想发泄自己的不满时，想没想过话要怎么说，对方才更容易接受？

有些人智商很高，能通过察言观色及合理的推理，察觉出问题所在；但如果他情商不高，在表达的时候，非但不能消除误解与分歧，反而会带来新的麻烦甚至情绪对抗。

小张在一家公司做市场运营。一次，他想出了一个很好的点子，和上司沟通时却被一口否定。当时，在场的其他同事都跟着上司一起摇头说"行不通"。看着上司坚定的眼神和决绝的态度，小张本打算用调查得来的数据资料证明自己的观点，但他转念一想，这样即使证明自己是对的，那岂不是让上司没面子，让他感到难堪吗？于是，他点头说："您说得有道理。"

几个月后，他看到一位同事用了他提出的方案，而且很成功，他很后悔自己当时没有勇气说服领导。

后来，在会上他又向领导提了一个方案，还是被搁置了。这次，他再也不想沉默下去，而是选择为自己辩驳。由于一时控制不住自己的情绪，他说了许多抱怨的话。其他同事听后都不敢应声，后来，有些话传到了领导的耳朵里，领导私下对人说："小张头脑灵活，很有想法，如果不改变自己的臭脾气的话，难有作为啊。"

尤其在职场，当我们有话想说的时候，经常在"不说出来把自己憋死"和"说出来会把别人气死"的死结里纠结、徘徊，自己也不知道到底该说还是不该说、怎么说。很多时候，最后选择做了《国王的新衣》里的臣子：明明有自己的想法或知道真相，却不愿说出来惹对方不高兴，于是选择了曲意逢迎。因为我们的预期是，选择实话实说基本没有任何胜算。那么除了曲意逢迎或实话实说，有没有一种两全其美的方法，既能充分表达自己的意思，又让对方能接受呢？

在意见不合或情绪比较激动的时候，高情商的人一定会先让自己冷静下来。他们不会带着情绪去和别人谈问题，去"推销"自己的观点，或干脆对别人说"你错了"。否则，你再怎么努力，之前的功课也都是白做，而且容易激化矛盾，以后再想让对方接受你的观点更难。

不只是在职场，即使在日常生活中的夫妻、情侣、朋友间，处理分歧的时候也要学会高情商地表达。比如，和朋友因一事意见不合，结果产生言语争执，吵到后面已经忘了最初是在吵什么，只记得生气，从此感情雪崩。

在向他人表达不同的意见时，要想避免情绪对抗，需要把握好这么几点：

首先，要分享你的想法。

把你"内心剧场"的演变过程和想法讲出来，也就是把自己的那套逻辑拿出来，让对方探个底，这样，对方就会解开一些心结，避免一些多余的想法。

其次，询问对方的观点。

真心地询问对方的观点，重复和重述自己的理解，确保信息理解正确，并适当地抛出不同的假设来引导对方分享自己的信息：根据对方的需求，问出对方背后的真正目的。例如，对方不同意你的要求，你可以询问他的真实想法，以及他的顾虑。

再次，要表示理解。

如果对方分享了自己的想法，要表示理解，在此基础上再进一步讲出你的不同观点。也就是说，你首先要在对方的观点上表示认可和理解，然后抛出自己知道的而别人也许不知道的信息，来补充说明自己判断的根据和观点。

最后，要求同存异。

当双方都表达过自己的观点后，要从中寻找彼此的共同点，或找到共同目标，或共同创建一个新的目标，让双方都满意，然后再寻找解决方式。在此基础上，双方一起决定下一步：如何找到相关信息？谁是决定人？谁会被影响？然后一起记录下结论。

低情商者之所以不能很好地与人共事，很重要的一个原因就是，经常会带着情绪处理与别人的分歧。比如，会因为别人的拒绝、反对而失态，即使遇到小问题，情绪起伏也会比较大，在不确定的事实面前，习惯猜测。所以，他们说出的话总是很情绪化。

高情商的人，不但善于化解由于观点不同可能带来的尴尬，而且能够了解对方的心理，说出的话、做出的事让对方很舒服，所以，即使他与别人之间存在很大的分歧，也不会让它影响到双方的感情。

批评的话不要说得太满

古人云："处世须留余地，责善切戒尽言。"为人处世，切不可说极端的话、做极端的事，而应该充分认识到事物的各种可能性，以便有足够的条件和回旋余地采取弹性的应对措施。任何时候都不要把话说绝了，所谓"话到嘴边留三分"，说话要留有余地，不把话说死，才能进退自如。

在人际关系中，出于各种原因，有时我们会驳别人的面子，这种事情如果处理不当，便容易得罪人。别人有愧于你，也应该"得饶人处且饶人"，但"饶人"的表示又不能生硬。通常，争辩中占有明显优势的一方，千万别把话说得过死过硬，即使对方全错，也最好以双关影射之言暗示他，迫使对方认错道歉，从而体面地结束无益的争论。

有一名顾客在一家餐馆就餐时，发现汤里有一只苍蝇，不由得大动肝火。他先质问服务员，对方全然不理。后来他亲自找到餐馆老板，提出抗议："这一碗汤究竟是给苍蝇的还是给我的，请解释。"老板只顾训斥服务员，却全然不理睬他的抗议。他只得暗示老板："对不起，请您告诉我，我该怎样对这只苍蝇的侵权行为进行起诉呢？"那位老板这才意识到自己的错处，忙换来一碗汤，谦恭地说："你是我们这里最尊贵的客人！"

在这个案例中，这个顾客情商很高。虽然他理占上风，却没有对老板纠缠不休，而是借用所谓苍蝇侵权的类比之言暗示对方："只要有所道歉，我就饶恕你。"这样自然就幽默风趣又十分得体地化解了双方的窘迫，同时委婉地表达了不满。

一般说来，要想不把批评别人的话说绝，有以下几种情况和方法可供借鉴：

一、提出柔中带刺的难题

在双方激烈的争论中，占理的一方如果认为说理已无法消除歧见时，不妨采取一种巧妙的方式来终止争论，结束冲突。

生物学家巴斯德，一次在实验室工作时，突然发现一个男子闯了进来，指责他诱骗了自己的老婆，并要和他决斗。清白的巴斯德完全可以将对方赶出门去，但是那样并不能解决问题。于是他沉着地说："我是无辜的……如果你非要决斗，我就有权选择武器。"对方同意了。巴斯德指着面前的两只烧杯说："你看这两只烧杯，一只有天花病毒，一只有净水。你先选择一瓶子喝掉，我再喝余下的一瓶，这该可以了吧？"那男子害怕了，只好尴尬地退出了实验室。

无疑，正是巴斯德提出的柔中带刺的难题，最终让男子放弃了决斗的想法。

二、不说"势不两立"的话

任何时候，都不可口出恶言，或说一些"势不两立"的话，否则，只会把事情逼向绝路。

王兰和同事因为某些工作上的小事而起了争执，搞得很不愉快，王兰向她的同事说："从今天起，我们断绝所有的关系，彼此毫无瓜葛……"说完话还不到两个月，她的同事就晋升为她的上司，然而王兰因为当时话讲得过重，处境非常尴尬。

不管什么事情，即使自己再有傲人的资本，也不要口出恶言，把话说得太满，否则，等于自绝后路，更何况，事情永远没有你想象的那样简单，它们总会出现多种可能。

三、不要盲目下定论

如果别人做错了事，一时没有找出问题所在，就不要盲目下结论，无端把一些责任推给对方。比如，你是公司的领导，开早会的时候，有一名员工迟到半小时，他给出的理由是："路上堵得厉害。"你可能会说："为什么别人就不会迟到，就你堵车吗？不要总是拿堵车说事，早起半小时什么问题都解决了。"其实，这样的批评很难让人服气，而且很情绪化。说不定，这位员工起得也很早，家中突然有些事情要处理，再加上路上堵车，才迟到了。所以，你不能下定论说"你起得不够早"，或"别人就不堵"。

如果自己拿不准，就要尽可能地说得含糊一些，如"如果是这样""我也不太了解"等。比如，一些领导在面对记者的提问时，都偏爱用诸如"可能、尽量、或许、研究、考虑、评估"等字眼，表明了发言者的成熟和慎重。

人与人之间的相处是微妙的，切不可像说起话来直来直去，做起事来一根筋。做人要有弹性，说话、做事也要留有余地，这才是高情商的体现。尤其在批评他人的时候，想使人更加信服，一定要记住"话不要说得太满"的原则，这样既给别人留下了余地，也给自己留了条后路。

不要对一个人过早下定论

在生活中，我们经常听到这样的声音："这事都做不好，你还能做啥？""如果你总是这个德行，那你完蛋了！""做点什么不好，干这个有啥出息？"……

很多低情商的人在批评一件事、一个人的时候，总会不经意说出这种盖棺定论的话。在这个世界上，没有什么是尽善尽美的，也没有什么是一成不变的。批评他人，不能一棍子把人打死，更不能仅凭个人的喜好妄下结论。高情商的做法是，能不说的就不说，等一等，缓一缓，让时间去证明一切。

有一个有趣的故事：

一只不知名的鸟儿每日会准时光顾一间无人居住的房子。远远望去，只见它站在窗台上，用头不停地撞击玻璃，却没有任何结果。人们纷纷猜测，它大概是想进到房间里。而鸟儿站着的窗台旁边，另一扇窗户一直开着，于是人们得出了结论：这是一只大笨鸟。直到有一天，有个好事者带来望远镜，才真相大白：窗玻璃上沾满了小飞萤的尸体，那鸟儿吃得不亦乐乎！原来是一只聪明的鸟儿。

人们将自己的思维方式强加于小鸟，自以为是，过早地下结论，把一只聪明的鸟说成笨鸟。

所以，凡事不能过早地下结论，尤其在不了解事实真相之前，更要慎重，否则会为表面现象所迷惑，无法知晓被掩盖的事实真相和本质，得出错误的结论。

那么，怎样才能做到不过早下结论呢？

一、要避免先入为主，戴着有色眼镜看人

《列子》上有这样的记载：

人有亡斧者，意其邻人之子。视其行步，窃斧也；视其颜色，窃斧也；听其言语，窃斧也；动作态度，无为而不窃斧者也。俄而掘其沟而得其斧，他日，复见其邻人之子，

其行动、颜色、动作皆无似窃斧者也。

这段话的大意是，有户人家丢了斧头，便认定是邻居儿子偷的，而且，怎么看怎么像；后来，他找到了斧头，这时，怎么看对方都不像是小偷。这就是先入为主的缘故。

在没有一点事实根据的情况下，就过早下结论，无端地猜疑别人，很容易批评错人。猜疑是一种不符合事实的主观想象，是一种消极的自我暗示心理。猜疑心重的人往往情商较低，他们先在主观上假定某一看法，然后把许多毫无联系的现象都通过所谓的"合理想象"硬拉扯在一起，来证明自己看法的正确性。为了能达到这一目的，他们甚至能无中生有地制造出一些现象，于是越猜越疑，越疑越猜，其实离事实真相岂止十万八千里之遥。

二、不要捕风捉影，遇事更要冷静沉着

魏先生和妻子一起在上海打工。妻子在一家KTV上班，每天凌晨才回家。一天妻子迟迟未归，魏先生怕生意外，就到必经之路等候。一会儿，一辆汽车在不远处停了下来，车内正坐着自己的妻子，和车里的男人交谈甚密，魏先生立马断定两人有私情，妻子"红杏出墙"。魏先生一时怒火中烧，砸碎了陌生男人的汽车玻璃，男子弃车落荒而逃。魏先生更觉得两人有不寻常的关系，不顾妻子的解释和阻

拦，将其打伤，结果吃了官司。

低情商的人一大特点就是容易冲动。故事中的魏先生不问青红皂白，就武断地认为妻子和人有染，可见其情商确实不高。我们不能听见别人说什么就产生怀疑，即使眼见的也未必就是事实。在批评别人的时候，绝不可以捕风捉影，一定要有根据。

三、全面了解情况，不轻易得出结论

一个人有四个儿子，他希望儿子们能够学会不要过早地对事情下结论。所以，他依次给四个儿子提出同一个要求，要他们分别去远方看一棵梨树。大儿子在冬天前往，二儿子在春天前往，三儿子在夏天前往，四儿子则在秋天前往。当他们都回来之后，父亲把他们叫到跟前，让他们描述自己看到的情景。大儿子说，那棵树很丑，枯槁、扭曲。二儿子说，这棵树被青青的嫩芽覆盖，充满了希望。三儿子说，树上花朵绽放，充满香气，看起来十分美丽。小儿子说，树上果实累累，充满了生气与满足。父亲对四个儿子说：你们都是正确的，因为每个人都只看到这棵树一个季节的风景。他告诉儿子们，不可用一个季节的风景来评判一棵树或因某一件事去评判一个人，关于一个人的内在实质是怎样的，还有一个人生命的欢愉、喜乐、爱好，只有在对其有全方位的了解后，才能衡量。不要因为一个痛苦的季节就对人生下结论，坚守、忍耐、度过这段艰难时光，美好的日子将在不久之后来到。

上述故事告诉我们，遇事一定要全面地看问题，全面地了解情况，全面地占有第一手资料。然后去伪存真，去粗取精，删繁就简，而不要像盲人摸象一样，只有这样，才能恰如其分地得出合乎情理的结论，概括出事物的本质，正确地解决问题。

综上所说，遇事一定要冷静分析，全面了解真相，批评他人不可先入为主，也不要过早下结论，以免冤枉了好人，同时破坏了自己的形象。

拿捏好"对事不对人"这根弦

我们时常会听到这样一句话："我说这话对事不对人，你别往心里去啊。"尤其在工作中，"对事不对人"经常被一些人挂在嘴边，有时听完他们的批评后，我们无言以对，但老觉得哪里不对劲，说好的"对事不对人"却感觉句句在针对人。遇到这种情况，别急着谴责他们，因为有时你在批评别人的时候也许给别人相同的感觉。

小刘是一家杂志社的编辑，社里每半个月就要开一次选题会，商讨什么样的话题值得拿来创作。有一次会上，他提出了一个在网上被热炒的话题，认为这件事情可以给人们带来一些思考。但社里的一位同事明确表示反对，他说的第一句话就是："我说话一向对事不对人，你可千万别放心里啊。"接着，他阐述了自己的观点。

　　小刘有点不服，说："你的观点也站不住脚，理由不是很充分。"

　　对方说："虽然这是个热点事件，但是很快就会过去的，人们的注意力不会长时间停留在上面。"

　　结果，小刘的选题被否了。从此，小刘对这位同事的印象急转直下。

　　小刘认为，虽然对方口口声声说"对事不对人"，但他的回答显然又不能让自己信服。在小刘看来，那些言论就是针对他的评价。

　　相信上面的例子不是个例。很多时候，我们会扮演说话者的角色，所以无从判断听话者的心理反应。那么为什么一句原本是为了避免和对方产生冲突的话，反而会加剧冲突呢？原因在于：我们在说这句话的时候，就已经认定对方是一个"很容易曲解别人意思的人"，这就意味着对方被打上了"情商低、不好沟通"的标签。且不论对方是不是这样的人，但这种为对方贴标签的行为，恰恰是对人而非对事的评价。

那么什么样的人爱说这样的话呢？做个换位思考不难理解，一定是习惯曲解别人意思的人！所以，要真正做到"对事不对人"，首先，他肯定是大家公认的情商较高的人，这样，他才有资格说"对事不对人"这样的话；其次，需要注意说话的方式方法。

如何才能让对方真正觉得你是"对事不对人"呢？可以从下面几个方面着手：

首先，要考虑对方的感情。

出了问题，只论事而不考虑事件的主体——人，你做得到吗？你能保证你的评论没有任何的主观喜好、个人情绪吗？不可能吧。很多时候，我们处理事件表面采用的是"对事不对人"的策略，而实际上先是"伤害了人"，再说事，因为你没有顾及、在意别人的面子与感情，而只谈事件。事实上是，很多矛盾都是因为不正确的方式或不经意的言语表达，而无意中伤害到人而产生的。很多人因为不理解或不能接受这种论事的方式，认为你伤害了他；事件是客观存在的，而人是活的，有思维、有感情的。所以，得先处理好、考虑好人的思维与感情之后再论事，才有可能处理好。

比如，老板犯了个低级错误，尽管大家都知道老板不对，但你能和老板说"你有件事做得不对"吗？当然，你可以说，后果呢？那就是不管你说得对还是不对，老板都可能会很不爽。

其次，少考虑人，多论事。

对人不对事，只考虑人的因素，而不论事或者少论事，也明显行不通。不管什么人做错了事，总得有个说法，而不能因为"这个人"的身份、地位、能力、关系、人品，而淡化或加重批评。同时，一个人的能力是有限的，有些事情的发生也是"意外的"，我们也得多考虑事件的诱导因素，两者都要综合考虑，但重点还是人的因素占主导地位。

比如，你是部门主管，你的下属一位是很有能力的人，一位是老板的亲戚，两个人同时犯了严重错误，难道因为他们身份特殊，就可以淡化这件事吗？或者对老板的亲戚就轻处理，对另一位要从重处理吗？如此，别人会怎么想？以后出现类似的情况你怎么处理？这两位"犯错之人"会怎么想？后果会怎么样？这些都是要全面考虑的问题。

最后，说话得体，少含隐晦。

怎么说才叫得体？只有高手才能把握好其中的分寸。让别人正视自己所犯的错误，心甘情愿地接受你的批评，并且无怨无悔，对你感激不尽，这才叫高情商！

A的家楼下，有一家小吃店，店主人非常好，A经常会去他家吃饭。有时某道菜做得味道不怎么样，A会和店主说：

"老板，是不是换厨子了？这道菜有点淡。"店主会说："你要什么口味尽管吩咐。"A经常会挑毛病，但每次店主都很乐意接受。因为店主知道，对方是对事不是对人。有一天，B也来吃饭，吃了一口就吵嚷："老板，这也叫水煮肉？肉就这么点，你们也太会省钱了吧？"老板回了句："想吃肉，旁边就有烤肉店。"结果，两个人吵起来。

同样是挑毛病，B的话显然针对人的意味更浓，而A就事论事，即使话说得稍难听点，也不会让人产生太多的误解。当然，这里面也体现了一种人与人之间的信任，就是关系比较好的两个人开玩笑，尺度稍大一点，也是可以接受的。

这个世界上所有搞砸的事，大多都是先把人搞砸了。对事情，我们可以评价好坏，这似乎理所应当。但对于人，好与坏的标准就没那么清晰了。因为每个人都有优点和缺点，直言对方的缺点虽谈不上是多大的错误，但这么做一般都会被别人认为是情商低的表现，尤其在工作场合，这样做甚至可能引发团队矛盾。

所以，批评他人时一定要"对事不对人"，即使是批评这个人，也要先从事情开始讲。当然，每个人的思想差异原本就很大，如果对方悟性差，情商低，不宜委婉地指出其错误与缺点，那就开诚布公地和他聊聊。其实，许多误解都是由我们的沟通不畅导致的。

得罪人，没效果？提建议要有情商

不管是在生活中，还是在职场上，我们经常要主动或者被动地给人提建议，原因无非有两种：一种是对方的问题直接影响到我们的工作或生活，我们不得不提建议；一种是对方的问题并没有直接影响到我们，但是作为朋友、领导、下属，出于对对方的关心，我们看到了问题，希望帮他指出来。

虽然我们的初衷与出发点是好的，但不一定会带来好的结果，这就需要我们在向别人提意见时不能只是动动嘴皮子，更要想想如何有效地提建议，真正地帮到对方。有的人不善于给人提建议，经常是不请自来，张口就是"你要如何如何"；有的人喜欢放"马后炮"，事先不说，事后唠叨个没完；还有的人居高临下，把批评当建议，把对方贬得像抹布一样；当然，也有一些人担心提不好意见，干脆就不提了，或只评价不建议，既不说哪里做得不好，也不说该怎么改进。可以说，这都是低情商的表现。

一、糟糕的建议

糟糕的建议主要有三种：

1. 没建议

当别人希望你给出一些自己的看法或观点时，你总是保持沉默，或用"挺好的""凑合吧"这样简单的语言回复。

2. 正面顶

强行"推销"自己的建议，并让对方接受，比如"你的这种做法不对，你应该……"

3. 全否定

眼中只看到对方的缺点，看不到优点，所以不会给予积极的评价与建议。比如，别人得了某个奖项，你不是说"你真棒，为你感到骄傲"，而是说"你别骄傲，下次就不好说了，还要努力"，那么他跟你断交的念头都有。

这种差劲的建议有一个特点，就是你没有办法从中获得有用的信息。

二、一般的建议

一般的建议，主要有三种情况：

1. 不直面问题

在沟通中，当一方抛出问题时，另一方总是顾左右而言他，让对方得不到最直接的答案。比如，别人问你："这两款手机，你说我该买哪一款？好纠结。"你说："我的电脑老出问题，也该换了，很郁闷。"

2. 模棱两可

模棱两可地提建议会让人很无奈，因为通常当人们寻求反馈时，希望能够听到明确的、清晰的、更偏结论性的答案或指引。而给出模糊答案的人，通常由于他们想得不够清楚、立场不够明确或压根儿就没有理解问题等，无法做出有效反馈。

3. 迎合他人

通常在面对比自己地位高的人，或自己对别人有所图的时候，我们提建议可能会迎合他人。因为我们担心，自己的真实反馈会影响既得利益，所以不得不去讨对方欢心。比如，老板的新发型明明就不好看，但当他询问你时，你只能说"看上去真有气质"。

三、好的建议

好的建议，也可以称为高情商的建议，这种建议主要有三大特点：

1. 环境宽松

在猜测别人对我们的看法时，我们总是会去假设最糟糕的情况。如果无法获得反馈，我们会产生不必要的压力。所以，不管是给别人提建议，还是反馈别人的建议，最好营造一种宽松的环境。

（1）开门见山，明确目标。我们可以直接告诉对方，为什么会有这次沟通，此次沟通自己希望达成的目的是什么，以及自己希望对方能在哪些方面提出建议等。

（2）避免抵触情绪。反馈中我们可能会接收到一些"不太合自己心意"的甚至有冲突的信息，这时要提醒自己不要恶意揣测对方的用意。一旦进入提建议模式，就必须保持开放的心态。

（3）表示感谢。愿意为你花时间的人，都值得我们好好感谢。

2.认知准确

提建议是一件共同合作才能完成的事，在整个过程中，怎么互动至关重要。

（1）认真倾听。倾听在交流中非常重要，当你向对方提建议时，不能只带着嘴巴，还要带着耳朵，你要随时告诉对方你对他的某个观点的感受。

（2）言之有物。好的建议一定是能让人明确接收到所需要的信息的。这个信息可以是一个答案、一项指示，或者提供渠道，展现出计划，让对方知道下一步该怎么做。

（3）适可而止。吸收、消化信息需要时间，思考、酝酿想法需要时间，当别人寻求反馈的问题超出你所能提供的帮助范围时，就需要暂时停下来。

3.感受良好

在友好的氛围中，彼此良好互动，有助于双方开诚布公，积极、深入地交换意见。

（1）争取被理解。好的建议一定会让提问者有被完全理解的感觉。所以，在交流的过程中要询问对方是否理解了你的意思，自己的建议对他是否有参考价值。

（2）注重表达技巧。提建议需要提供有建设性的看法，但这并不意味着一定得用教导、居高临下或者批评的口吻去做这一切，认可对方的提问和已有看法可以促使交流变得更加顺畅。再就是，多使用第一人称，比如"我们"，而不是第二人称，以此来拉近双方距离。

可见，提建议也是有章可循的，不该提的时候瞎提，该提的时候不提，或者把建议提成意见，一般都不会产生良好的效果，反而容易得罪人。要提好建议，一定要注重方法，一定要体现出较高的情商。

第九章

丑话好说，
别让不好意思坑了你

人们正是因为这也不好意思，那也不好意思，或没有及时表达出自己真正的态度，才会让自己总是为了别人的面子而苦恼不堪，结果掉进自己挖的坑中。

"不好意思"是"病"，得治

情商低的人都容易得一种"病"，叫"不好意思"。这种"病人"会把面子看得特别重，脸皮还非常薄，遇到什么事情都"不好意思"，让自己活得很累。

朋友找他借钱，他不好意思拒绝，把自己吃饭的钱都借了出去；结果人家不还钱，他又不好意思问，于是只能饿肚子。推销员给他介绍产品，他不好意思回绝，就掏钱买了；买回来又不中意，自己生一肚子闷气。亲戚给他介绍对象，他明明不想去，又不好意思不给亲戚面子，硬着头皮去"尬聊"了一个小时，回来就后悔半天。

"不好意思"其实是一种低情商的表现，常常觉得不好意思的人，总是无原则地妥协，最终会吃不该吃的亏。

佳佳快大学毕业那年，在网上认识了一个网友，人长得挺帅，两人一见钟情。很快，他们就成为男女朋友，当男友提出要与她同居时，她没好意思拒绝，结果意外怀孕了。

但她又不好意思告诉他，也不好意思向同学借钱，就从网上贷了几千元，做完人工流产以后，半工半读打了几个月的小时工，才还上这笔钱。后来，男孩爱上了别的女孩，和她分手。她所有的"不好意思"，最后都由自己埋单了。

不好意思是一种自我折磨。你工作再辛苦，不好意思提加工资的事，就要默默忍受贫穷的苦。遇见喜欢的人，不好意思表白，他／她就会变成别人的新郎／新娘。"不好意思"容易让人错过很多东西，比如初恋、友情、爱情、机遇等，那不是害羞也不是谦让，而是低情商。

大家都看过郭冬临和买红妹演的小品《有事您说话》，在剧中，郭冬临演的是一个"不好意思"的"烂好人"。不管是谁，只要有事请他帮忙，他总会拍着胸脯说"有事您说话"。春运期间，火车票很难买，郭冬临演的那个人吹牛说他有熟人能买到火车票，于是越来越多的人来请他帮忙买火车票。他不好意思拒绝，就背着被子去火车站，整宿整宿地排队买票，真的是苦不堪言。

在我们身边，这样"不好意思"的人数不胜数，他想讨好全世界，最后却往往被人看不起。

这种人的人格是讨好型人格，他们渴望被所有人认可，因此牺牲自尊来迎合他人；他们缺乏原则，怕得罪人，结果却是越怕得罪人，就越容易得罪人。

可以说，"不好意思"是一种慢性自杀，它取悦的是别人，伤到的却是自己，最后也没有人会感激你的付出。所以，你一定要改变这种心理，让自己"好意思"起来。那么该如何克服"不好意思"心理呢？最重要的是进行认知调节。

认知调节就是调整自己的想法，引导自己的思想。主要方法有以下五种：

一、利益导向法

人之所以做 件事，是因为它对人有益；人之所以愿意做一件事，是因为它对人的情绪有益。总之，人做事，是因为利益；不做事，是因为无益或者有害。

所以你要想象做这件事情会给你带来什么好处，有什么样的利益。你知道了做这件事的意义的时候，那么你也就有动力去执行了。

二、降损激励法

与上面的利益导向法正好相反，利益导向法是用欲望来激励人，而降损激励法是用恐惧来激励人，所以你要想象不做这些事情有什么危害。在使用这种技巧时，可以把这种危害放大，达到激励自己的目的。你恐惧什么，就用这种恐惧去激励你自己。每个人都有自己独特的恐惧类型。

三、情感转换法

情感转换法，即把一个事物当成另一个事物看待。这是一个抽象的意象，含义和内容十分宽泛。比方说，你不好意思去上门推销，你可以"虚拟定位"成自己在做一个测试，这个测试内容就是搜集不同客户对于上门推销人员的态度，这样你就可以不用再考虑被拒绝的情感损失了。

四、自我强迫法

这种方法很好理解，即强迫自己去做不想做的事，强迫自己去做不愿意做的事，强迫自己去做不敢做的事，强迫自己去做以前懒于做的事，强迫自己去做自己不认同、反感、厌恶的事……这个方法简单实用。不好意思在别人面前唱歌？强迫自我！不好意思拒绝别人的请求帮忙？强迫自我！不好意思和心仪的人开口聊天？强迫自我！不敢公开发言？强迫自我！

五、事后调整法

做完一件事以后，要进行反思，认识到可取之处和需要改进的地方。比如，你鼓起勇气在公共场合发言了，但是效果不佳，这时候你要看到，从开始的没有勇气到现在的有勇气，这是前进了一大步！至于演讲内容和效果，属于技术层面，属于外部要素，只要加以完善就可以进步。而勇气等属于内在的要素，看不见摸不着，一旦突破内在障碍，别的外部因素都容易解决。"胜人者有力，自胜者强"，说的就是战胜内部与优化外部的关系。这就好比说，你家的盆景只要土壤营养充足，种什么植物都会茂盛，同样你内心的能量被激发出来以后，一切外在的技能都将会轻易掌握。

对于"不好意思"的人来说，去做不想做的事情就是改变，去做不敢做的事情就是突破，持续改变，持续突破，征服自我，就是所谓的高情商。

硬气说"不"，朋友也要"打假"

有人说，人的信任和信用卡是一样的，不断消费，定期还款，银行给你的额度就会不断增加，这是信任积累。反之，只消费不还款，信用终将破产。

人因为关系走得近会产生信任，产生交情，但也会因为走得近，让彼此没有了畅快呼吸的空间。许多时候，给我们带来无法言说的伤害的人，往往是与我们走得最近的人。不管是面子、利益还是感情，都可能因为距离靠得太近，随时都可能被划伤。

比如，和陌生人做生意，价格该怎么谈就怎么谈，因为缺少感情，可以不顾及面子去谈。和你走得最近的朋友做生意，却不可以：要么成交，要么绝交！

陈华有个老相识，代理了一家化妆品公司的产品，做了三个多月，也没什么销量。为了完成任务，他在朋友圈中搞起了"摊派"：张三定五百元的任务，李四定六百元的任务，赵七条件好点，要买一千元的货。有的朋友碍于交情与面子买了，有的以各种理由拒绝。事后，他说买了他的产品的都是"亲"，都是"哥们儿"，没有买的都"不够意思"，都是"假朋友"。他以为自己找到了生财的门路，没想到，这是在断自己的后路。半年后，所有人都"不够意思"了。

每个人身边或许都有这样的人，他们一边喊着哥们儿义气，一边不断透支友情。在他们眼中，朋友没了价值就是对他"不够意思"，在逼空友情的同时，还要让自己站在道德的制高点。这种做法，只会赤裸裸地伤害别人。

小张是一家公司的职员，大家对他的一致评价是"脑子很灵光，情商是硬伤"。一次，他的一位朋友做生意赚了点钱，整天琢磨着换一辆很拉风的车，同时在朋友圈转让正在使用的车，标价 12 万元。小张有意买下朋友的车，说："看在咱们这么多年交情的面儿上，把你的车 10 万元转给我吧。"

"说实话，卖 12 万元，问的人还不少呢。你要是有诚意，就再加点。"大家朋友一场，对方做出了一些让步。

小张说："先给你 3 万元，其余的我两年付清。就这么定了。"

朋友有些不乐意："我也是缺钱才急着卖车，这时间也太长了点！"

小张说："那就一年。"

最后，小张经过软磨硬泡，转让就这么成交了。

其实，这位朋友的车标价 12 万元，全款一次付清，有购买意向的人也很多。他之所以卖给了小张，是因为他实在不知怎么拒绝小张。他怕因为这笔交易而影响到双方的关系，所以，就自己吃些亏。从这件事我们可以看出，小张很精明，脸皮也厚，但情商确实让人着急。

生意，和谁做都是做，之所以和朋友做，往往是念及交情。再者，对于朋友，多牺牲一点、付出一点，也不是不可接受，问题是，你要考虑朋友的代价。

人际交往有一个重要准则：保持平衡。即使是真朋友、真性情，好到不分你我，也要恪守这个准则。否则，不论在友情方面，还是在财富方面，一旦太过透支对方，迟早会逼走对方。

当然，一味索取固然不妥，但付出时也要适可而止。有人把面子看得很重，碍于面子，经常让付出成为一种负担。朋友结婚，别人随两千元礼金，自己硬着头皮也要跟两千元；别人五千元，即使超出自己的承受范围，也要捍卫所谓的颜面。

要知道，人们不会因为你的"透支"而给予你额外的赞美，反倒会觉得你这个人很虚伪。在财力、精力或能力有限的情况下，要学会选择性地付出，不是说每个朋友、每件事都要"照顾"到，也不是每个要求都要满足。非要打肿脸充胖子，何苦呢?

所以，当你承受不起时，要学会对透支你的人和行为说"不"，不要把自己累个半死。尤其在上下左右不能兼顾的时候，离你最近的人，却让你最不舒服，那你一定要学会选择，学会放弃。

不论是什么时候，人与人交往，都不要太过偏离"等价交换"原则。为朋友过度付出，对自己是一种消耗，也是一种负担。如果这种消耗与负担得不到朋友的理解，那这样的朋友多数是"假朋友"。

面对流言蜚语，认真就输了

中国自古就有"人言可畏"这个成语。生活在人堆里的我们，难免会被飞短流长的谣言所伤。人本是群居动物，每个人都有一个独特的大脑和一张嘴，想要超脱于世，独善其身，需要极高的情商。

但有一句老话说得好："走自己的路，让别人去说吧。"其实，流言蜚语本身不会伤人，只有自己才能伤到自己，因为你太在意别人的看法了。尤其是情商低的人，非常在意自己的面子，面对流言蜚语，他们很难淡定应对。

小李刚进单位时，任职行政助理。她做事特别努力，深得大家的喜爱。市场部经理张先生发现小李身上有一股闯劲，就将小李调到销售部门，并让其独立主持一个区域的工作。由于工作关系，他们经常一起出差，一起吃饭，一起探讨工作。可能因为在一起的时间太多，渐渐地，办公室就传出了他们关系暧昧的流言。

起初小李对此一无所知，但她觉得周围人的目光越来越怪异。直到有一次，一位年长的同事意味深长地对她说：

"请不要锋芒太露！"不得已，小李去找要好的同事晓梅想问个明白。晓梅到现在还后悔，不该将听到的流言告诉小李。她记得小李听完她的话，吃惊得张大了嘴，半天说不出话来。小李是一个很要强的人，她不能容忍无凭无据的流言继续传下去。第二天，小李就找了办公室里那个最爱传播小道消息的"小广播"，警告她不要随便乱说话。而对方也毫不示弱，结果，双方不欢而散。

发生了这件事以后，小李在工作中常常分心。她有意和张经理疏远，但流言还是愈演愈烈。万般无奈下，小李提出了换一个部门的申请，结果，她被换到了公司的售后服务部。刚调到新岗位不久，一次她与客户发生了争执。原本，这只是一次工作中的失误，但是，新的流言马上又传开了。有人说小李以前在销售部的业绩，都不是自己做出来的，而是张经理帮的忙，小李根本就不能胜任销售部的工作。最后，这样的流言竟影响到了售后服务部经理，他做出了让小李停职的决定。这一次，小李不得不来到经理办公室，进行"恳谈"。但经理态度坚决，希望她做一次深刻反省。小李急火攻心，却有口难辩。此后，她不管遇见谁，都要为自己辩解一番，想通过解释，还自己一个清白。可是，谁也帮不了她。她的情绪日渐低落，最后走到了辞职这一步。

在现实工作中，很多人都难免被流言所伤。毕竟，有人的地方就有江湖，况且嘴长在别人脸上，即使是再有权势的人，也无法完全控制别人说什么。所以，想要完全免受谣言的中伤是不可能的。要在与他人的交往中掌握主动权，你要做的也不是去控制别人说什么，而是决定自己听什么。耳朵长在你身上，对于不喜欢听的，你完全可以左耳朵进、右耳朵出，或者练得近乎刀枪不入，绝不受他人的影响。

所以，流言总是止于高情商者。要平息那些空穴来风的流言，有三个方法可供参考。

一、迅速回应

由于人类共有的"补空心理"，人们对不确切的事情总是格外关注。所以，要赶上谣言快如闪电的传播速度，就要在第一时间做出回应。

二、不可沉默

不少人在面对不实的指责时，往往抱着"清者自清"的信念，只要有人过问就总是采取一种"无可奉告"的态度。然而，有实验证明，沉默不语会增加不确定感，让人们以为当事人试图掩盖什么或有什么难言之隐。

三、借助第三方

在有嘴说不清时，有中立、可靠的第三方站出来帮忙说话，会让我们的反驳如虎添翼。

化解流言蜚语不能只靠争辩，更不能到处向别人表明自己是清白无辜的，因为这样就等于变相扩散流言蜚语。流言就像一只好斗的公鸡，只要你蔑视它，不和它硬斗，心里压根儿不给它留有位置，慢慢地它就没有劲头了。否则，你太认真，就会中招。再者，面对流言，你要学会开心，因为已知的谣言总比那些未知的好对付，而成为焦点，至少说明了你还很有分量嘛。

把"不对"统统改成"对"

许多人都有喜欢说"不"的习惯，不管别人说什么，他们都会先说"不""不对""不是的"，但他们接下来的话并不是推翻别人，只是做一些补充而已。这些人只是习惯了说"不"，即使赞成别人，也会以"不"开道。

谁喜欢被否定呢？

曾经，有位记者采访一位学识特别渊博的教授，发现他有个很好的习惯，就是不管对方说了多么幼稚、业余的话，他一定会很诚恳地说"对"，然后认真地指出对方说得靠谱的地方，然后延展开去，讲他的看法。

高情商的聪明人都习惯先肯定对方，再讲自己的意见，这样沟通氛围也会好很多。即使是拒绝对方，也不会讲"不"。

两个打工的老乡，找到城里工作的刘某，诉说打工之艰难，一再说住不起店，租房又没有合适的，言外之意是要借宿。

刘某听后马上暗示说："是啊，城里比不了咱们乡下，住房可紧了。就拿我来说吧，这么两间耳朵眼大的房子，住着三代人。我那上高中的儿子，没办法晚上只得睡沙发。你们大老远地来看我，不该留你们在我家好好地住上几天吗？可是房子太小，实在有心无力。"

两位老乡听后，就非常知趣地离开了。

高情商的人拒绝他人，很少会用否定性的词。现实生活中，到处是这样的例子。有一档音乐节目，其中一位嘉宾导师不仅歌唱得好，而且很会说话。在节目中，一位歌手提起自己多年前向这位导师邀歌，结果被婉拒的事。接下来，两人有这样一段对话：

导师："你的声音变高了啊。"

歌手："嗯，是变高了。"

导师："我以前要是给你写歌就委屈你了。但我觉得你声音还会更高，所以我再等等。"

这段拒绝人的对话，简直可以作为典范。

导师先是赞美了歌手的高音，又补充说明了对方在音乐领域的进步，既抬高了别人，又明确表达了自己拒绝的意思，这就叫作"会说话"。情商高的人，在说话的时候，很少使用否定性的词。即使是拒绝对方，也不会直接说"不可以"，而是用一种婉转的方式表达自己的意见，让人觉得很舒服。

心理学家调查发现，在交流中不使用否定性的词语，会比使用否定性的词语效果更好。比如"我觉得不行"这句话，可以换一种说法——"我觉得再考虑一下会比较好"。因为使用否定词语会让人产生一种被命令或批评的感觉，虽然能明确地表达自身观点，但对方不易接受。

说话要过脑子，别太耿直

说话耿直的人通常都不怎么会聊天，他们心里藏不住心事，情绪外露，说话不会绕弯，直来直去，不给自己留有回旋的余地。因为他们这种任性的说话方式，经常会被贴上"情商低"的标签。事实也是如此，他们在职场中非但很难交到知心朋友，而且还经常在无形中"伤害"到他人。

　　有一天早上，小曾去一个朋友家。在路过一个早餐点时买了20个小笼包，当场吃掉了10个，一碗汤下肚，饱了！剩下的10个打包。到了朋友家，朋友刚洗漱完，还没有吃早餐，他便把包子递上去："快吃吧，还热乎着呢。"朋友也不客气，拿起一个就塞进嘴里："好吃好吃，10个不够。"第二个下肚才想起问他，"你吃了吗？"

　　他说："刚吃过，要了20个，吃剩的10个给你打包了。"

　　话音刚落，他就发现对方的眼神中颇有几丝幽怨，说好10个不够，结果吃3个就暂停了，搞得小曾也好不自在。

　　如果把包子扔掉，或者压根不提自己吃过包子的事，如果……没有那么多如果，你吃剩下的给人兜来，本身就让人很难下咽，要怪就怪自己头脑简单，说话情商太低。情商高的人肯定不会说"我吃剩下的"，而会说"给你又要了一笼"，嘴再巧一点的，会说"他家包子不错，给你要了一笼也尝尝"，如此，双方皆大欢喜。你看，同样一件事，直着说与委婉着说，产生的效果是截然不同的。

　　说话直率，往往并不讨人喜欢。有人说，我就喜欢说话直的人，不喜欢隐藏太深的人，真的是这样吗？如果你身高一米五，别人对你说"你太矮了"，你会不会喜欢？再如，"你真不如别人有才""这衣服穿在你身上真难看"，你会不会喜欢？

打开微信，大凡在朋友圈里发一些牢骚、抱怨的朋友，大都是心直口快之人，为人耿直，有了烦恼就想吐出来。而在朋友圈中存在感较强的人，很少会发一些低俗的带有负面情绪的信息。

的确，通过微信朋友圈我们可以了解一个人的近况，甚至包括他的职业、身份。整天发一些低俗的东西或骂骂咧咧，有损形象而且令人不适；但如果发布的东西很有价值、有趣味，那么别人就会觉得你这个人有些层次。

A是朋友圈中有名的大舌头，他看不顺的事总要骂两句才痛快，经常在朋友圈骂这个骂那个，鲜有人搭理他，但自己却不亦乐乎。有一段时间，他很少再骂人，还总是发一些高大上的东西，不是晒在各地旅游的照片，就是在参加各种会议的路上，下面点赞无数，在朋友圈的存在感超强。有人问他："你都忙成这样了，还有空玩微信？"他诡魅一笑："每次都在公交车上发啊。"对方立时有点蒙。他解释说："没办法，不想再被人看到我发低俗的内容，我不能再乱说话了。"

生活中也一样，性格耿直的人肚里藏不住事，好事坏事都要一股脑儿原汁原味倒出来，不加润色，有时谈论的话题又不上档次，经常因为鸡毛蒜皮的事发牢骚，加上他们不善于控制情绪，心里有事，脸上就会表现出来，所以大家觉得"这人不怎么会说话""这人很没品位"。不要以为这是直率，别人看了，很可能会说："你看，情商都是有问题的。"

情商高的人，讲话不会直来直去，即使和你说："实话和你说……"那也是经过深思熟虑的话，不但好听，还很受用，能给人面子。

你不是"不会说话"，是嘴巴毒

很多人都在社交中特意和别人说："我不会说话，你别介意啊。"因为不会说话，所以不在意别人的感受，不在乎对方是否因为歧义而误解。因为不会说话，所以没有边界感，以为朋友们都会理解你的情绪，不会在意这些带情绪的话。这是一种很荒唐的逻辑。

其实，"不会说话"并不一定就是情商低，但是自己不会说话导致别人不快，还要逼着别人原谅你，这就是情商低的表现。

很多人都喜欢站在自己的立场评价别人，其实交流中怎么说很关键，说出来的话要中听。那么如何做到这一点？可以从以下三个方面入手：

一、避免歧义

例如：有一天 A 和同事去逛街，同事试穿了一条裙子，问 A 好不好看。

A 说："没想到你穿起裙子来倒也挺像个女人嘛……"

同事听了之后虽然没说什么，但随后换回自己的衣服就借口离开了。

其实，A 的本意是想夸对方穿上裙子更有女人味而已。

很多时候说者无心听者有意，正是因为话里有歧义，才容易让人产生误会。要想避免歧义，你就要先明确自己想表达什么。如果要夸别人美，就直接说"很漂亮"；如果想要给别人提意见，那就直接说"我有个不成熟的小建议……"

二、换位思考

在说话前我们可以先想一想，换作是自己，是否愿意听到别人说这句话。

有的人爱开玩笑，认为朋友之间没什么不能说的，但换作别人过分开自己玩笑，却会生气。这样的双重标准，是无法在社交上获得成功的。记住，"己所不欲，勿施于人"。

三、说话别带情绪

比如闺密聚会，甲说，最近买了个新包，虽然好喜欢但是好贵啊，花了自己一个月的工资；乙说，这么贵就买了个这样的包？这种高仿都烂大街了。

其实，乙说那句话的时候，明显带着妒忌，羡慕甲买了个好的包。在她情绪平复之后，她可能就会忘了这件事情，但这句话可能会成为甲心中的一根刺。

很多脱口而出的话都是带有情绪的，可能是你没发现，也可能是你发现了却不愿意承认。这时候，你不是在与人交流，而是在攻击别人。

情商低、嘴巴毒的人有一个特点，那就是说话容易得罪人，而且得罪人了也不知道。说出去的话如泼出去的水，是收不回来的。在说话之前，我们一定要考虑听话人的感受。

第十章

隐秘说服，
高情商者只讲逻辑

有逻辑的语言更有说服力。
说服的过程，其实就是不断用
归纳、演绎、推理等方法将见识、
经验、知识转为思想与观点，
并获得他人认可的过程。

心中有逻辑，说出来的话才有力量

言为心声，一个说话有条理、有逻辑的人一定是思维缜密、规则分明的人。古往今来，许多杰出的思想家、政治家都是逻辑高手，他们说出的话很有条理，非常具有说服力。

类似的例子有很多。比如，"诸葛亮舌战群儒"是《三国演义》中非常精彩的一段，说的是诸葛亮孤身一人面对众多文臣谋士的指责诘问，有理有据，逻辑分明，以一己之力舌战群儒，令对手皆成"口下"败将。

当时，曹操挟天子以令诸侯，国内大部分敌对势力都已经被他消灭，唯有刘备和孙权能与之抗衡。于是曹操派人去面见孙权，希望能够说服他一起联手对付刘备，东吴的大部分文臣都选择投靠曹操。在这种情况下，诸葛亮来到了东吴。

在见孙权之前，东吴的文臣谋士们开始对诸葛亮发难。首先是东吴的第一大谋士张昭。他嘲笑刘备三顾茅庐才请得诸葛亮出山，结果却"弃新野，走樊城，败当阳，奔夏口，无容身之地"。面对如此毒辣的嘲讽，诸葛亮笑言："燕雀安知鸿鹄之志？"将自己比作志向万里的大鹏，笑群儒就是胸无大志的燕雀。接着，他用比喻的方法做了一番解释：如同对病入膏肓的危重病人不可一下子用猛药一样，刘备实力不如曹操，所以小败几次也属正常，退让是为了更好地壮大自己；同时刘备在战场上虽然失败了几场，那是因为与曹操兵力悬殊，但他因为照顾百姓而宁愿不取江陵，其大仁大义获得了数十万百姓的民心；再说胜败乃兵家常事，就像刘邦当年也一再败于项羽，但在关键的垓下一战中却取得了决定性的胜利——国家大事、天下安危，需要有大智慧的人深谋远虑，怎能像只有一张嘴的人高谈阔论、巧言令色呢？这一番话说得张昭哑口无言。

紧接着，虞翻咄咄逼人地问诸葛亮："曹操如今大军百万，你认为你们有什么能力与之抗衡？"

诸葛亮回答："曹操的兵力乃是袁绍和刘表遗部的乌合之众，有什么好怕的？"虞翻冷笑着说："你们兵败当阳、夏口，却还说百万大军没什么可怕，真是大言不惭。"诸葛亮淡然回答："刘备只有几千仁义之师，却敢于抗衡曹操百万残暴之军；而如今东吴有长江之天险，又兵精粮足，却还有人想屈膝投降，岂不令天下人耻笑？如此看来，还能说刘备怕曹操百万大军吗？"诸葛亮以子之矛攻子之盾，令对方无言以对。

在这次论战中，诸葛亮以缜密的思维、清晰的逻辑，驳得众人哑口无言，最终说服孙权与刘备联手抗曹，从而确立了三分天下的局面。

诸葛亮舌战群儒，表现出了他极高的情商。他的每一番话都由"守"开始，但绝不仅仅止于"守"，而是在作答的同时有力地反驳，主动展开进攻，进退有度，令人无懈可击。并且，他总能针对对方的弱点，进行有理有据、逻辑严密的反驳。

从这个典故中，我们能够感受到逻辑的力量。可见，心中有逻辑，讲出来的话才有分量。有分量的话不一定是长篇大论，但一定是经过构思的，是讲逻辑层次与关系的。这就如同精奇文一样环环相扣，严丝合缝，让人找不出一点破绽，对方自然也就找不出辩驳的理由。

所以，高情商的人在表达某种观点前，通常会组织语言，尽可能使说出来的话有序、有节，逻辑分明，条理清晰，让人产生一种心理上的信服感。

读懂对方的逻辑，话才能说到点上

一个人的悟性高低，不在于他是否善于言辞，而在于他能否在短时间内通过对方的只言片语或隐晦的表述，领略到对方的真实意图。

要说服一个人，必须先摸清他的心理、他的想法，而不要只听他嘴上怎么说。所以，在日常交际中，我们要善于聆听他人讲话的逻辑，以此来推断他的意图。领悟能力强的人，在听别人说话时，通常会一边听，一边在心里默默列出对方表达的主要意思，按顺序排列，甚至可以尝试在对方表述完之后把听到的东西总结陈述出来。这样，他不仅能听懂对方的弦外之音，而且能让自己说出来的话和对方产生更多共鸣。

情商低的人，不善于领悟别人的说话逻辑，只会注意到对方讲了什么，注意力非常狭窄。听一段话，读一篇文章，经常只注意到某一句话、某一个词，在回应的时候也只是死抠这些细节。要使说话变得有逻辑，必须提升自己的悟性，拓宽自己的注意力广度。只有在时间和逻辑的维度上都能够广泛专注别人说话的内容，才能揣摩清楚他人的真实想法。

刘备临死前把诸葛亮叫到床前，将刘禅托付给他，让他监国，还说了一句很著名的话："如果我儿子不成器，你就取而代之吧，废了我儿子自己当皇帝。"这话听着是好事，其实十分阴险！

当然，诸葛亮是个情商、智商都很高的人，他知道这不是刘备的本意，刘备要死了，这时候就是要为儿子接班做好铺垫，诸葛亮只要稍露一点异心，脑袋立马落地。

换到刘备的角度看,他希望听诸葛亮说真话还是假话?很显然,他希望听到的肯定是假话,即便他觉得诸葛亮真有可能废了自己的儿子,也希望在临死前听一听诸葛亮表表忠心,好让自己死得安心,走得放心。

所以诸葛亮扑通就跪下了,眼泪鼻涕流了一大把,又是捶胸口又是表忠心。

现实生活中,并不是每个人的想法都那么简单。在有些场合,如果你总是实话实说,或者说话不看时机,不注意身份,肯定会出问题。尤其是说服重量级人物,如老板、客户时,有时对方想听你讲实话,有时他又希望你说假话,这看似矛盾,其实也是有逻辑的。如果你不了解背后的逻辑关系,又不善于揣摩对方的心思,那么想要加薪升职,可能比登天还难。

在生活中,大凡很会说话的人,与其说他们善于观察细节,懂得察言观色,不如说他们有很强的悟性。

周玲是一个特别喜欢音乐的人,她常常痴迷地陶醉在自己的小提琴世界里。在她的熏陶下,十岁的儿子也非常喜欢拉小提琴,班级的同学经常称他为"小小的音乐家"。

有一天放学回家,儿子高兴地跑过来对周玲说:"妈妈,我们学校下个月要举办联欢会,我要努力练习,到时候发挥出最佳的水平。"这让周玲感觉很开心。

"嗯,好的。你要勤加练习,但是也要早点睡觉,不能太晚，影响你第二天上课。"周玲摸着儿子的头，开心地说道。

儿子虽然答应了，但是每天晚上他都要练琴到很晚。有一天，隔壁的邻居终于忍不住了，在吃午饭的时候，过来和周玲聊了一会儿，说："你家孩子可真努力，晚上十点多都还在练琴。"

周玲听出了邻居的言外之意，赶紧充满歉意地说："真不好意思，打扰到你了，以后我会让他注意的。"

在这个小案例中，虽然邻居夸赞了周玲的儿子，但这只是表面的意思，他碍于面子，不好意思说被打扰了，只有通过弦外之音来表达了。周玲听出了他的意思，调整了儿子晚上练琴的时间，让邻里关系更加和谐。这是为人处世最起码的悟性，如果连这一点情商都没有，怎么和人愉快地相处呢？

想钓到鱼，就得像鱼一样思考

换位思考就是站在对方的角度思考，从而更理解人、宽容人。我们在观察处理问题时，在做思想工作的过程中，把自己摆放在对方的角度，对事物进行再认识、再把握，才能得到更准确的判断，说出的话也才能真正说到别人的心窝里。

常言道，巧辩不如攻心。说服一个人，光有嘴皮子功夫是不够的，只有设身处地，以心交心，才能又快又准地达到目的。

很多人说话有一个习惯，就是不太顾虑别人的想法、观点，认为只要用正确的言语传达自己的意思就行了。其实正确与否，并非说话者单方面就能决定的。如果我们在说话之前忽视了听话者的心理和反应，那么无论我们如何慎重地斟酌词句，依然会产生预料不到的差错和误解。所以我们必须在语言上下功夫，说话时不忘换位思考，力求说的每句话都让对方肯听、爱听，打动他的心灵，这样才能提升语言的说服力。

有一次，陶行知先生看到王友用泥块砸自己班的男同学，当即阻止了他，并令他放学时到校长室去。

放学后，陶行知来到校长室，王友已经等在门口准备挨训了。可一见面，陶行知却掏出一块糖果送给他，并说："这是给你的，因为你按时来到这里，我却迟到了。"王友惊疑地接过糖。随之，陶行知又掏出一块糖果放到他手里，说："这块糖果也是奖给你的，因为我不让你再打人时，你立即就住手了，这说明你尊重我，我应该奖励你。"

王友更惊疑了，他眼睛睁得大大的。

陶行知又掏出第三块糖果塞到王友手里，说："我调查过了，你用泥砸那些男生，是因为他们不守游戏规则，欺负女生；你砸他们，说明你很正直善良，有跟坏人做斗争的勇气，应该奖励你啊！"王友感动极了，他流着眼泪后悔地说道："陶……陶校长，你……你打我两下吧！我错了，我砸的不是坏人，而是自己的同学呀！"

陶行知满意地笑了，他随即掏出第四块糖果递过去，说："为你正确地认识错误，我再奖给你一块糖果，可惜我只有这一块糖果了，我的糖果用完了，我看我们的谈话也该完了吧！"说完就走出了校长室。

处于逆反时期的青少年，面对无视尊严的训斥，只会产生反抗心理，把老师当成敌人。陶行知先生不忘换位思考，在谆谆教诲中，既充满爱心，又顾及学生的自尊心，用四颗糖果收服了一颗叛逆的心，表现出过人的情商。可见，说服的关键在于掌握对方的心理，这其中的秘诀是：推己及人，将心比心。

第二次世界大战期间，某国军方推出了一种保险，每个士兵每月只用缴纳十英镑保险金，如果他将来战死沙场，他的家人就能得到十万英镑的赔偿。军方原以为这种保险推出后会大受士兵们欢迎，可事实恰恰相反，投保人寥寥无几。原来士兵们想的是，要是参加了这个保险，那么每月都要缴纳十英镑保险金，如果将来能从战场上活着回来，这些钱就白交了；而万一真的牺牲了，那时候要十万英镑也没有用了，所以还不如及时行乐，拿钱买酒喝的好。

后来，军队为了说服士兵投保，特地请来了一位著名的演说家。这位演说家对士兵们说了这样几句话："孩子们，如果谁参加了保险，将来他若不幸牺牲，政府需要付给他的家人十万英镑；而对于没参加保险的烈士，政府只需要付给他的家属几千英镑抚恤金。想想看，政府会愿意先派哪种人上战场呢？"听完这番话，士兵们恍然大悟，纷纷掏钱购买了保险。

这位演说家之所以能够轻而易举地说服士兵们投保，就在于他抓住了士兵的心理——谁也不在乎自己死后会有什么好处，而只关心自己是否能活着回来——才打赢了一场漂亮的攻心战。

人心看似难以捉摸，其实很简单，只要我们将心比心，就会知道对方想要的是什么。只要我们破解了这一"密码"，说服别人就会变得相对容易。

消除差异点带来的沟通障碍

俗话说：道不同，不相为谋。和与自己观点、思维逻辑不一样的人交流是非常困难的。在说服过程中，如果双方鲜有共同点，那么彼此之间的距离感就很难消除，而且在交流过程中，也容易形成心理隔阂，并且会产生一些障碍。

据清末野史记载，有一位湖南士子屡试不第，无奈之下，只好千里迢迢来到北京，拜会晚清名臣曾国藩，希望凭借同乡之谊及自己的才学，在曾国藩手下谋一份差事。曾国藩向来有礼贤下士的好名声，这次也不例外，对这位同乡热情接待，双方聊得非常投机。酒酣耳热之间，这位士子忍不住大发议论，抨击起曾国藩对古诗文的态度，曾国藩虽然不说什么，但是心里很不愉快。

酒过三巡，乘着酒兴，这位士子又提及自己来北京的用意，希望得到曾国藩的提携。曾国藩本来以清廉刚正自诩，这几句话恰好犯了他的忌讳。这位湖南同乡尽管并非一无是处，曾国藩最终还是没有帮他，送了一笔银子打发他回家了事。

在这个故事中，这位士子对双方存在的差异点缺少了解，不仅没有巧妙利用，反而使差异点成了说服的障碍，导致说服全盘失败。

人和人之间总有各种各样的差异，差异无处不在，从而形成各种复杂纠结的矛盾。情商高手在说服他人时，善于消除双方之间存在的差异，使不利的因素向有利的方向转化。具体而言，不同的人之间的差异点主要有以下三种：

一、背景、身份的不同

不同的背景、身份会造成两个人在对话时的心理接受方面出现微妙差异。同样的话，来自上级还是下级，来自官员还是平民，来自学者还是普通人，所产生的表达效果会很不相同。因此，高情商的人在说服与自己身份、背景存在差异的人时，会选择适合对方身份的语气和措辞，尽量使对方容易理解，容易接受。比如对上司进行说服，应该选择建议和信任的语气，既维护对方的体面和尊严，又能使对方乐于倾听自己的表达；如果面对的是下级或晚辈，应采用温和、亲切的语气，这样既能显示对对方的关心和爱护，也能让所说的话易于被对方接受。

二、双方目的的差异

在说服的过程中，双方的目的可能南辕北辙，利益也不尽相同，似乎永远走不到一起。在这种情况下，最好的解决方式是在不同当中寻找共同点，最终使目的迥然不同的双方进入相同的轨道。第二次世界大战期间，经过艰难的谈判，意识形态互相对立、互相敌视，充满不信任的英美和苏联走到了一起，形成同盟。使他们走上共同道路的原因，是双方不同点当中的共同点：抵抗法西斯国家的侵略和扩张。在说服别人的过程中，面对目的和利益关系都不相同的对方，高情商者往往能找到这样一些扭转乾坤的机会。

三、立场、视角的不同

立场不同，视角不同，双方又各自坚持自己的理由，会让沟通变得困难，谁也无法说服对方。在对峙的情形当中，往往是柔和的方式能够改变局面，而强迫对方认同自己的强硬方式，只会让对方越来越坚持他自己的立场。因此，高情商者通常会运用怀柔的办法，试着站在对方的立场上，试着理解对方，以对方的思路来考虑问题。俗话说"山不过来，我就过去"，为了说服的目标，既然对方不肯过来，那么自己不妨主动走过去。这种妥协和退步的怀柔策略，往往能改变双方的对峙状态，取得立场和视角的一致。

即使对同一件事情，每个人所持的观点立场和思维逻辑也会不尽相同，不了解对方的这些立场、逻辑，贸然"推销"自己的观点、逻辑，很容易产生正面碰撞。如果在刚开始交流时，就将双方的许多差异点袒露出来，对说服工作十分不利。所以，高手首先会隐藏自己，在了解对方的情况后，再根据情况出牌，这样，就在无形中消除了双方的差异点带来的交流障碍，为说服工作扫清了道路。

少一些"我"，多一点共同意识

心理学家指出，在每个人的潜意识里，都存在着或多或少的自我意识，因此，每个人都不希望被人指使。如果对方意识到你是在说服他时，他的自我意识会变得非常强烈，本能地与你对抗。

古今中外，有很多有名的演说家，他们在演说时往往能够营造一种"振臂一呼应者云集"的气氛，使听众在这种气氛中接受自己的观点。

他们之所以能够在演说中牢牢地抓住听众的心，是因为他们使用的言辞和演讲时的态度，能够很好地引起听众的共鸣。他们在演讲时，往往不会说"我""我的"之类主观性比较强的字眼，而经常使用"我们""我们的""我们大家"等可以将听众和自己拉近的字眼，这样，就可以使自己演讲的内容变得与听众息息相关。他们只需简单的几句，就可以拉拢听众的心，使每个人都有"真是这样"的感觉。

在每个人的潜意识里，都存在着或多或少的自我意识，反映在语言逻辑方面，就是不希望听到被人指使、命令等话语。如果你说出"你听我说""我的意见是""我认为"等，就容易引起对方的警戒和反感，而且你越这样讲，越容易激起对方潜意识中的对抗。有些人爱和人抬杠，往往就是因为他秉持这套思维逻辑：你越是强调"我"，我越是不服你。在这种情况下，你的解释、说明，可能会被认为是狡辩，是在驳斥他。所以，高情商的说服者，往往不会过分强调自我，而会小心翼翼地使用"我"这个字。

在说服自我意识较强的人时，要不失时机地多说几个"我们""我们的"，这样，就会在语言上把大家捆绑到一起，让对方觉得你和他的利益、观点一致，至少你没有把他推向对立面。大家站在同一条战线上，那他原本坚硬的防御堡垒，也会在不知不觉中自动地消除。

所以，在向别人提建议或意见时，一定要少使用"我""你"，而要说"我俩"，或者说"咱俩""我们""咱们"。这样，就可以使对方觉得，有些事情只有他和你可以分享，从而增进相互之间的亲密感，并且让对方产生你我一体的共同意识。

总之，自我意识存在于每个人的头脑之中，因此，当你试图说服对方时，一定要多使用"我们""我们大家"之类的字眼，让对方的自我意识与你的自我意识合二为一，形成共同意识。这样，对方才会相信你所说的话是从你们的共同利益出发的，也才会接受你的观点。

善于创造"是"的氛围

要改变别人的看法，正面交锋常常很难奏效，如果采取迂回战术，以柔克刚，更容易收到效果。古希腊哲学家苏格拉底有一个著名法则，就是说"是"法。这是根据人们思维上的惯性，引导你的对象朝着既定的方向思考，让他不断在"是"的回答中逐渐转入你所设定的命题范围，成为你所要求的"是"的俘虏，这即所谓的提示引导。

如果你是一个主管，要给下属布置一项具有挑战性的工作，下属不情愿时，你会大发雷霆吗？如果是，那说明你情商不够高。高情商者通常的做法是，想办法让下属说"是"，整个交流过程如下：

"听说你喜欢足球？"

他回答："是。"

"人们都说看足球很精彩是因为足球具有挑战性？"

"是。"

"看来你对具有挑战性的东西都很喜欢？"

"是。"

"这么说如果叫你去当足球运动员你一定愿意？"

"是。"

"即使踢得不好也要去搏一搏？"

"是。"

"那如果叫你去做某项具有挑战性的工作你也一定乐意？"

"是。"

谈话至此结束，你收到了预期的效果。

如果双方坚持把"不"的观点白热化，说了"不"的人就很难再改口说"是"，因为那样将会把自己搞得无地自容，只好继续"不"下去，这样一来，彼此的"统一"就只能成为空想。试想一下，如果主管以"不"的态度去责问属下：

"安排你的事为什么不去干？"

"……"

"任务就是命令，必须去！"

"可我从没干过，担心做不好。"

"做不好就不做，要你干什么？"

"要我干会干的。"

"不会干就不干？那你就走人！"

不欢而散的结局不但会让主管尴尬，更使企业蒙受损失。

可见，我们在做提示引导的时候，一定要避免引起一个人的负面连接或观点。

什么叫负面连接或观点？

打个比方，你现在想象你手上拿了一颗柠檬，然后把柠檬汁挤到嘴里，在想象的过程中，你有没有觉得口水分泌增加？在说服过程中，这个柠檬就是所谓的负面连接或观点。你只要引导对方去想这些，就会让对方不自觉地联想一些与之相关的事物。

说服时，提示引导的方式主要有两种：一是叫作因果提示，即运用"因此""所以"的逻辑来引导；第二种是用"会让你""会使你"的逻辑进行"催眠"。提示引导常常是因为之前叙述一些事情，讲的是前因，要把后果连接起来，后果，即要向对方传达的信息。

假如你是房地产销售，面对前来看房的客户，怎么激起他们购买的兴趣呢？你可以设计一套方案，比如这样讲："王小姐，我和您讲了许多关于这套房子的优点，并且看您特别感兴趣，您设想一下，自己住在这个房子里面，会是怎样一种感觉呢？"这句话表达顺畅，且不易引起对方的抗拒。或者说："张先生，我知道您现在正在考虑价格的问题，而且您也了解品质跟价钱没有办法兼得，因为一分钱一分货。"

当然，也可以用"会让您"或"会使您"来引导，例如，可以这样说："当您正在考虑要买保险的时候，会让您想象到给您的家人一份安全的保障是多么重要。"这种做法会把对方的抗拒程度降低很多。

提示引导有两条原则：第一，不要和他人说不能怎么样；第二，把前因后果用一些连接词连接起来，然后去陈述他赞成同意的事情，不断地陈述重复他目前的身体状态、心理状态。

提示引导是一种潜意识说服，这是一种高明的说服方式，它会产生一种神秘的让人无法抗拒的力量，让对方跟随你的引导而思考。

没有尊重，就没有说服

高情商者善于将自己真实的想法藏在心底，就算不认同别人的观点，也会对其表示出足够的尊重，因为只有尊重对方，才会得到对方的尊重。

心理学家席勒曾说过："我们极希望获得别人的赞扬，

同样，我们也极为害怕别人的指责。"渴望得到尊重是每个人共同拥有的心理，因此，就算你不认同对方的观点，也没有必要对其进行打压，因为本来看问题就可以有许多不同的角度。或许，用一个间接的方式来阐述自己的想法，会让别人更容易接受。

当你想说服别人时，不要直接指出他的错误，而要先尊重他的意见，再以退为进，运用一种非常巧妙的方法让他领会你的意图，而不是说："你不承认自己有错，我就证明给你看。"你这话的潜在逻辑是："我比你聪明，我要用事实来纠正你的错误。"相反，你若是用下面的口气来说，对方就会更容易接受："好吧，让我们来探讨一下。""我有另外一种看法。""我的意见不一定正确，因为我也经常把事情弄错，如果我错了，我愿意改正过来。"这样说话，会让对方听着很舒服。

王亚丽是一家广告公司的设计师。一次，她接了一项新型产品的广告设计工作，经过对产品和市场的分析，她做出了一个广告文案。当她把文案呈给经理时，经理翻看了几页，语气随意地说："你这个创意的表现手法太过直白，显得没有内涵，你回去再改一改，注意，要含蓄一些，这样才显得上档次。"

王亚丽知道经理并没有理解自己的用意，但直接指出经理的错误又不合适，于是她诚恳地说道："经理，您说得很对，广告寓意深刻会显得更有文化内涵，也更有美感。不过我在设计这个广告的时候就一直在想一个问题，一个新产品刚刚上市时广告的目的是什么？"经理说："当然是抓住消费者的眼球，让消费者了解新产品。"

王亚丽趁势说道："您说得太对了，这个产品是新型产品，消费者对它还很不了解，所以我们这个广告就是要让消费者看了广告就能尽可能多地了解产品。"说到这儿，王亚丽停顿了一下，等待着经理的反应，经理并没有说话，显然在思考她的说法。

王亚丽知道机会来了，便继续说道："用含蓄的表现手法确实会让广告更有美感，但如果消费者对这个产品还一无所知，他们是很难看懂这么含蓄的广告的，也体会不到其中的寓意。我认为，现阶段我们可以先采用直接的广告表现手法，让消费者迅速了解到新产品的特性，留下深刻印象。不用担心广告不够吸引人，因为我们这个产品特性本身就是个很好的卖点。等到以后市场打开了，消费者对这个产品比较熟悉了，我们再采用含蓄的表现手法来提升文化内涵。"

见经理认真地听着，王亚丽接着说道："当然，这仅是我个人不成熟的观点，说得不对的地方还请经理指正。"

经理见王亚丽态度毕恭毕敬，说得又确实在理，对王亚丽非常欣赏，准备重点培养她。两年后，经过更多历练，王亚丽成了部门负责人。

　　我们都曾有过这样的体会：当我们阐述自己的观点后，一旦遭到全盘否定，我们的自尊心理往往促使我们采取强硬的反抗，这种心理反应会极大地阻碍交谈的顺利进行。因此，无论在什么情况下，我们都应当尽可能避免对方出现上述心理活动。

　　相反，我们提出自己的意见后，一旦受到他人的赞同，我们会感觉非常快乐，这种兴奋感会给人带来情感上的亲善体验和理智上的满足体验。这种体验一旦发生，就会有利于纠纷的调解，使争执双方的意见达成一致。即使对方的意见与我们不完全相同，但倘若我们感受到了他的尊重，那么接受其他的意见也会容易得多。

　　因此，在不同意对方的看法时，也应该先说"是的"，对他的说法表示理解和尊重，创造一种较为融洽的谈判气氛，缩短双方之间的心理距离，然后再讲"但是"。由于你对对手的某些看法大加赞赏，对手会自动地停止自己的讲话，心理上的抵触会随之减弱。这时，在他眼里，你与他是站在一起的，对立也就不存在了，尽管你也在赞扬的意见后表达了不同意见，那也好商量了。

　　下面让我们看一下直截了当地指出对方的错误，会带来什么样的结果。

　　库珀先生是纽约市的一个年轻律师，他才华出众，同时也有些自负。前不久，在联邦最高法院审理的一起重大案件中，他为涉嫌违法的嫌疑人辩护。法庭上，一名法官对库珀先生说："根据军舰制造厂限制条款，你的当事人应判6年刑，难道量刑不当吗？"库珀先生停下来，看了法官一眼，直截了当地说："尊敬的法官大人，你错了，这种条款是不存在的。"

　　这场官司最终以库珀先生和他当事人的败诉而告终。事后，库珀先生回忆起他当庭指出法官错误时的情形："整个法庭鸦雀无声，室内温度好似突然降到了零下。我是对的，法官是错的，于是我直接指出了这一点。可你想他能同意我的观点吗？不会的。但我仍然相信自己的观点是符合法律规定的。我觉得这次辩护发言比以往任何一次都成功，但就是没有说服法官。当我向这位著名学者指出他的错误时，我已经犯了辩护的大忌。"

　　由此可见，直接提出反对意见会招人反感，抵触情绪一旦产生，别人就再也没有心思去听你的意见。既然如此，我们何不换一种方式呢？

　　所以，当我们需要说服一个人时，不要对他的错误表现得过于敏感，一定要证明他错了，更不要强迫别人同意你的想法，而应当牢记一句话——对他人的意见不论对错先表示尊重。

借用对方的逻辑证明你的观点

世界上没有完全相同的两片树叶，更没有完全相同的两个人，每一个人都有其特点，更有其不同的需求。一段精妙的话，对一个人适用，却未必适用于另外一个人。一大堆外形相似的钥匙，只有一把可以打开对应的锁。

在某件事情上，不同的人有不同的立场，有不同的想法，有不同的处理逻辑。如果大家能想到一块儿，立场相同，观点相近，那说服对方并不困难。如果大家的立场相左，处理问题的思维逻辑也大相径庭，若你一味强调自己的逻辑，将很难打破这个僵局。

说服对方，我们除了要有清晰的思维逻辑、语言逻辑，还要了解对方在某件事情上的立场、观点，以及处理问题的逻辑是什么。许多时候，我们只有顺着对方的逻辑说话，进行巧妙的引导，才更容易说服对方。

比如，在生活中我们都曾遇到过保险推销员。许多时候，我们不买保险的逻辑是：既然保险那么好，为什么还要到处推销？推销的成功率又那么低，说明它并没有推销员描述的那么好，而且其中可能有猫腻，既然有猫腻，那我为什么要买？把钱存在银行不更保险吗？

有些推销员不理解客户的这个逻辑，一味地强调保险的好处，而且，他越是强调这些好处，越会引发对方的抵触情绪。高明的销售人员能吃透对方的这种心理，会从对方的逻辑入手，撬开对方的心门。

晓晔是一位留学归来的律师，她的父亲是亿万富翁，所以她从来没有考虑买一份人寿保险。

有一天，保险公司的业务员彬彬找到了她，希望她投一份保险。晓晔对她说："你的观点我明白……依你的看法，什么人才需要人寿保险呢？是不是那些每天都得工作的人，才需要人寿保险？"

听了她的话，彬彬说："你不是有一份工作吗？"

晓晔说："那完全不同！我工作不是因为我需要收入！"

"那你为什么要做现在的工作呢？"

"因为我觉得用自己的钱，心里比较舒服。"

"你给我的感觉是，你是一位很有个性的人，不想依赖他人，想自力更生，有自尊并且活得很有尊严的职业女性，我说得对不对？"

晓晔表示同意。

彬彬接着说："你父亲虽然是大富翁，但和我们今天所谈的主题没有关系。我们想说的是，我们每个人如何依照自己的个性和意愿，过着很有尊严的生活。你那么富有，假如我每个月给你五百元，会使你感到更加富有吗？假如我每个月从你身上拿走五百元，会让你变得贫穷吗？对你有丝毫的影响吗？没有！那么好了，请你立刻把五百元交给我，让我立刻为你创造你想得到的永久性的个人尊严，好吗？"

晓晔被说服了，心甘情愿地给自己买了一份保险。

为什么彬彬寥寥几句话，就让晓晔改变了主意，转而投保呢？

很简单，是因为逻辑的力量！

晓晔的父亲是大富翁，但她个性独立，又有很强的自尊心，彬彬正是紧紧抓住了这一点，用简短的话说服了她，让对方知道，买保险不是买别的，买的是人的尊严。如果她换一套逻辑，强调现在投保，将来几年会拿回本钱，还能获利多少，如何划算等，那就根本激不起对方的兴趣。

对待同一件事情，每个人都会为自己找一个逻辑，然后推理出自己想要的观点。所以，要改变对方的观点，就要先改变他的逻辑。如果改变不了对方的逻辑，那就顺着对方的逻辑，说自己的道理，用他的逻辑来变相支撑自己的观点，从而在别人的逻辑里证明自己的观点。可见，说服他人不在于你有多聪明，而在于你善于用对方的逻辑思考，引导对方得出你想要的结论。

站在对立面谈理解？醒醒吧

　　如今，"如何更好地说服别人"成了我们经常要面对的问题。我们想办法让朋友理解自己，想办法让老板接受我们的建议，想办法让客户相信我们的能力和诚意，这是一项烦琐但是充满挑战性的工作。在沟通过程中，多数人最直接的做法就是竭力展示出能够支撑自身理论的各种依据，其潜台词就是"你必须尊重我的想法"，或者"我的想法才是最正确的"。

　　但实际上，说服并不仅仅在于强化自己的观点，对他人造成压迫的声势。妄图用自己掌握的那一套"真理"去压制别人的"真理"，往往不那么现实。尤其是当双方都认为自己才是正确的那一方时，这种毫无意义的争论将会一直持续下去。

　　有时候，换一个角度，选择站在对方的角度和立场想问题，看看对方的观点和想法是什么，了解对方的动机和理由，并适当顺应对方的想法去做事，反而更容易减少双方的分歧和冲突。无论如何，站在他人的角度来思考，都会让我们处于一个相对安全的位置，通过某种迎合性的行为，赢得对方的尊重和信任。

人际关系学家戴尔·卡耐基由于工作繁忙，要招聘一名秘书。他在报纸上刊登了招聘信息，短短几天之内，各种求职信像雪花一样飞过来。

在阅读信件的时候，卡耐基发现了一个现象，几乎所有的信件都在讲同一件事："我很出色，我拥有丰富的工作经验，我能够处理各种各样的问题。"这些内容让他感到厌烦，他只能不断地加快阅读的速度，直到有一封信引起了他的兴趣。信中的内容是这样的：

尊敬的卡耐基先生，我知道您现在一定很忙，非常需要一个助手来帮您整理信件。我有过几年助理的工作经验，因此非常乐意为您效劳。

卡耐基当即决定，聘用写下这封信的那个女人。

为什么在许多应聘者中，这个女人会脱颖而出呢？原因就在于她没有从自己的角度来看待这件事，并没有从自身的能力来谈论工作是否适合自己。其他人渴望获得这份工作的理由是"我有这样的需求和能力"，而这个女人的理由却是"老板有这样的需求，而我有能力满足这种需求"，这才是她成功突围的关键。

这不只是对工作的一种理解，也是对老板的一种理解，这种发自内心的对对方的理解，即使在今天的职场，也是非常难能可贵的。

很多时候，我们应该勇于表达自己的想法和观点，但这并不意味着我们总是要用自己的观点来说服别人。一旦双方存在分歧或者冲突，必须做出调整，必须站在对方的立场上想问题，多听听对方说了些什么，然后表态："我觉得你的想法很有趣。"即便你认为对方的观点是错的，失之偏颇，也不要急于反驳，而要说"虽然我不大明白，但我会试着从你的角度去想一想的"，这种说话方式，不仅得体，而且不容易引起对方的反感。

总而言之，每一个表达者都应该向对方表示这样一种态度：我理解并尊重任何人的想法。在很多时候，设身处地地为他人着想，是消除隔阂、拉近彼此关系，并且最终说服对方的前提。

推销观点，要少说教、多"套路"

大多数人都难以接受的一种说话方式，就是说教。一字之差，说服与说教却存在天壤之别。有的人很会说话，讲起来一套一套的，像背书一样，细细一听，全是"推荐""推销""推广"式的说辞，可以说句句离不开说教。

人都有很自我的一面，你把一次普通的对话，变成个人的演讲，变成某种观点的推荐会，别人就不爱听，因为他们更想让别人听到自己的声音。

喜欢说教的人常犯两个错误：一是过分包装自己，华而不实；二是不厌其烦地往听众脑子里塞东西，强行推荐自己的观点。

如果是第一点还情有可原，而第二点就让人生厌了。任何时候，劝说别人都不是件容易的事，尤其是让人被动地接受你的观点。要成功说服别人，必须让对方从被动接受变为主动思考，即至情至理地帮听众分析，给出合理的建议，并剖析各种利弊，这样，才会引起听众的思考，增加说服力。

在说服他人时，要想把自己的观点成功"推销"给对方，要少些生硬的说教，多些温情的"套路"。

一、打一打感情牌

感情是人与人之间联系的纽带，故而它在人际交往中的作用至关重要，同样，在说服他人时，要"晓之以理，动之以情"。有时并非人们对道理本身不接受，而是和讲道理的人感情上合不来。这时讲道理的人要善于联络感情，注意反省自己有没有让对方反感的地方，及时克服和纠正。

尤其当对方产生抵触心理时，更要以诚相待，在理解、尊重、关心的基础上，再讲道理。

小丽在一家旅行社工作，一次她陪同客人游览时，客人中有几位照相迷，每到一处，照起相来没完没了。小丽不好硬性规定客人逗留的时间，便对大家说："朋友们，中国幅员辽阔，名胜颇多，佳景处处，美丽无比，再好的相机，再多的胶卷，也不会使您满意的。我认为最好的照相机就是您自己一双勤快的眼睛，用不完的胶卷是自己的头脑。只有它们，才能从这儿带走真正完美的记忆。"

这番话是小丽针对一些客人"让我们多拍几张照片"的说辞说的。她的暗示入情入理，语言优美，巧妙地催促了客人，并且能达到让客人理解的目的。

二、要多以事喻理

道理可以讲，但绝不要空讲，一定要结合实例。以事喻理，能使说服的内容具有真实性、可信性，否则，讲道理就是说大话、空话，别人还怎么能信服你？

例如，父亲对初入官场的儿子说："古人云'常在河边走，哪有不湿鞋'，你初涉宦海可能还意识不到这一点，但时间长了，就会有人来托你办事，给你送礼，那时，你千万要把握好分寸，不可变成像和珅那样贪赃枉法的贪官啊！"这句话相比"你为官要清廉，千万不要做贪官"之类的话，更能让人警醒，更有说服力。所以，要多以事喻理，尤其要利用好典型案例。

三、巧妙举例反诘

卡耐基说，要想说服别人，最好的方法就是举出例证。例证远比抽象的论证要有更强的说服力。特别是对于那些完全肯定或完全否定的命题，或者类似主观的臆断、论断，只要举出一个相反的、个别的例子，这些命题、论题就不攻自破了。

有一次，拿破仑对他的秘书说："布里昂，你知道吗，你也将永垂不朽了。"

布里昂不解拿破仑的意思，拿破仑解释说："你不是我的秘书吗？"

布里昂笑了笑说："请问，亚历山大的秘书是谁？"

拿破仑答不上来，他赞扬道："问得好！"

看来布里昂并不寄希望于依靠名人扬名，但仍不忘作为秘书对主帅的尊重，所以采用表面请教的方式，表达反诘的内容："请问，亚历山大的秘书是谁？"这是直接反驳论点，证明了大前提的虚假。大前提不真实，那么结论就不攻自破了。

四、善于小中窥大

古时，一位妻子对衣衫不整的丈夫说："有句话说得很有道理，'一屋不扫，何以扫天下？'你连自己的穿戴都不能理好，又怎能去解决各种事情？你工作忙，时间紧，我也能理解，但出门之前把衣物整理好又花不了你多少时间。而且，你这样出门，别人会以小见大，看到你生活没有条理，便会想到你的工作会不会也是这样。"

这就是一个典型的以小见大的例子。芸芸众生，每个人的思想都不尽相同，即使是同一种思想，每个人认识事物的角度、领悟事物的真谛的水平也不同。所以，挖掘小事情中蕴含的大道理，于浅显事情中挖掘可触摸的深道理，更易于让人理解和接受。

五、不妨点到为止

啰唆的话往往令人反感，但有些人唯恐对方听不懂，翻来覆去地讲同一个道理，结果适得其反。所以，说话应因人而异，我们要根据对方的理解力、知识水平等把握要讲的内容，对于大家熟知的观点，要点到为止。有时，某个观点大家一时难以理解或难以接受，那也可以先点一下，给对方留下充分的思考时间，让其去领悟、消化。如你提出一个新的观点，听众一脸迷茫，你不要急着解释，可以先讲一个典型事例，再结合事例阐明观点，听众就比较容易理解、接受。

为什么有些人觉得说服他人是一个挑战？因为，他们说话的时候，总是让听众被动地去接受，而不懂得让他们主动去消化、吸收。高情商地说服他人，就是要更多地引导听众主动思考，接纳自己的观点。